L'IMPASSE ALIMENTAIRE ?

DÉJÀ PUBLIÉ PAR NICOLAS HULOT
ET LE COMITÉ DE VEILLE ÉCOLOGIQUE

Combien de catastrophes avant d'agir ?, Seuil, 2002.

Nicolas Hulot,
le Comité de veille écologique
et Karine Lou Matignon
présentent

L'impasse alimentaire ?

Agriculture, santé, environnement

Fayard

Le Comité de veille écologique de la Fondation Nicolas Hulot pour la Nature et l'Homme propose, à travers une collection thématique, son éclairage sur les grandes questions environnementales. Il souhaite grâce à ces ouvrages, destinés à tous ceux qui se sentent concernés par l'avenir de notre planète, interpeller les citoyens et les décideurs en proposant des moyens d'action pour faire tendre vers un développement durable. Après *L'impasse alimentaire ?*, c'est le thème de la biodiversité qui sera traité.

Avant-propos
par Nicolas Hulot

S'il est un domaine où les questions sont plus nombreuses que les réponses, c'est bien celui de l'agriculture et de l'alimentation. S'il est un domaine où l'environnement est souvent un facteur secondaire, c'est bien encore celui-ci. Enfin, s'il est un domaine où l'environnement et la santé sont intimement liés, c'est bien toujours celui-là.

Mon premier sentiment, c'est que l'agriculture telle qu'on la pratique globalement n'est pas plus une fatalité économique qu'une nécessité alimentaire. Ma conviction, en revanche, c'est que c'est une calamité écologique doublée d'une menace sanitaire.

On a trop souvent abordé ce sujet de manière dogmatique. Soit on rend les agriculteurs responsables de tous les maux, oubliant qu'ils ne sont pour la plupart que des victimes d'un système pervers et aujourd'hui caduque, et ignorant par là même le rôle magnifique et essentiel joué par eux dans la seconde partie du XXe siècle. Soit on hésite à évoquer la problématique écologique, de peur de blesser une profession prestigieuse et courageuse. Les deux attitudes sont aujourd'hui stériles et irresponsables.

Dans un monde qui revendique le développement durable, on ne peut s'accommoder de pratiques aux effets désastreux sur l'environnement, on ne peut ignorer les risques sanitaires, pas plus que les conséquences économiques, que la collectivité prend en charge à un moment ou un autre. Alors que l'humanité s'achemine vers une soif planétaire et connaît un stress hydrique catastrophique, le fait qu'un seul secteur d'activité consomme 70 % de nos réserves en eau et qu'un infime pourcentage de ces dernières profite à la planète est une aberration inadmissible que la technique et la recherche doivent rapidement résorber.

Il n'est pas davantage acceptable que, chez nous, l'agriculture soit une des principales sources de gaz à effet de serre quand on sait à quel point est grand le péril lié au changement climatique. On peut ajouter à cela le rôle joué par ce secteur dans l'érosion de la biodiversité, ainsi qu'une part probable de responsabilité dans un certain nombre d'inondations, le remembrement ayant entraîné une diminution de la capacité de rétention des sols.

Enfin, sans vouloir être exhaustif pour ne pas accabler, le faisceau de présomptions sur les relations de cause à effet entre certaines pratiques, comme l'usage abusif d'antibiotiques, d'insecticides, de pesticides et autres fongicides, et diverses pathologies s'épaissit sérieusement. Pour ne rien dire de la pitoyable condition animale...

Nul doute que l'immobilisme n'empêchera pas le principe de réalité de nous rattraper. La raison oblige à poser sur la table l'ensemble des éléments, en toute impartialité, pour guider la société et les consommateurs dans leurs choix. Car les changements ou les adaptations qui s'imposeront ne pourront être délégués aux seuls paysans, mais devront être pris en charge par les collectivités nationales ou européennes.

Cet ouvrage s'inscrit dans la vocation du Comité de veille écologique de la Fondation Nicolas Hulot pour la Nature et l'Homme : participer à l'information, nourrir la réflexion et le débat, tenter de discerner le rationnel de l'irrationnel, mettre en lumière la vérité là où, parfois, elle apparaît, et tout au moins livrer à chacun les éléments d'appréciation.

Puisse ce livre contribuer à cette prise de conscience, inciter les différents acteurs à se rassembler plutôt qu'à se suspecter. C'est notre seule ambition.

« Le monde est dangereux à vivre. Non pas tant à cause de ceux qui font le mal, mais à cause de ceux qui regardent et laissent faire. »

Albert EINSTEIN

Introduction

Né de l'eau et de la terre

Il y a 4,5 milliards d'années, la planète Terre n'est encore qu'un magma de laves et de gaz. Un milliard d'années plus tard, elle se solidifie. Les eaux qui la recouvrent se peuplent bientôt de vie. Si les premières bactéries se nourrissent de sucres fermentés, les formes de vie suivantes, constituées entre autres d'algues microscopiques, ont la particularité de digérer les gaz toxiques ambiants, de tirer leur énergie de la lumière (principe de la photosynthèse) et surtout de rejeter de l'oxygène dans l'atmosphère ! Grâce à cette incroyable alchimie, le ciel devient bleu, l'air respirable, et la vie hors des mers peut enfin commencer.

À – 430 millions d'années, à la faveur d'une baisse du niveau des eaux, des algues vertes quittent les océans pour conquérir la terre déserte. Pourquoi sont-elles vertes ? Parce qu'elles contiennent un pigment vert, la chlorophylle – du grec *khlôros*, qui signifie « vert » –, masqué parfois chez les algues par des pigments d'autres couleurs : bleus, jaunes, bruns ou rouges. Protégées des rayons ultraviolets par la couche d'ozone, véritable écran solaire, et s'habituant peu à peu à vivre à découvert au rythme des marées, ces algues s'installent, suivies des premières plantes à vaisseaux, puis des mousses. En se décomposant, cette vie végétale va enrichir les sols et former une couche fragile mais essentielle, l'humus. Sur une terre enfin enrobée d'un substrat fertile et humide, les premiers vrais arbres vont voir le jour vers – 380 millions d'années, dans le sillage des fougères géantes, dont la cime avoisine les 30 mètres de haut.

LA NATURE PARTENAIRE

Homo habilis (Homme habile) apparaît il y a environ 3 millions d'années. Un être fragile et démuni dans un univers relativement dangereux, qui va pourtant finir par s'adapter à la variété des climats, des régimes alimentaires et des milieux hostiles. De proie, puis de charognard, l'homme se transforme au fil du temps en chasseur-cueilleur, et c'est avec beaucoup d'attention qu'il s'intéresse tant aux habitudes des animaux qu'il chasse qu'aux cycles des plantes sauvages dont il se nourrit. Il observe ainsi l'ensemencement naturel des céréales sauvages et décide de s'installer à proximité de ces champs nourriciers, véritable providence. Au fil des générations, ses évolutions culturelles, biologiques et techniques lui permettent de tirer parti de la nature de manière différente.

Progressivement, l'homme devient sédentaire. À la faveur d'un changement climatique qui s'accompagne de l'émergence de nouvelles espèces végétales, l'agriculture apparaît il y a environ 10 000 ans dans la région du Croissant fertile (Proche-Orient). À côté de celui-ci, le plus ancien, trois autres grands foyers se distinguent en Chine, en Amérique centrale et en Nouvelle-Guinée. Après la domestication des plantes vient celle des animaux, attirés par les cultures et les détritus autour des villages. Forte de ces atouts supplémentaires, la civilisation humaine va connaître une incroyable expansion de sa démographie, un perfectionnement de ses techniques et, au fil des siècles, la naissance d'une véritable économie, d'une politique et d'une armée pour gérer ces biens et les protéger d'éventuelles convoitises.

L'HOMME À L'ÉCOUTE DE LA TERRE

La nature est riche de bienfaits. Généreuse, elle sait aussi être cruelle et soumettre les hommes à la famine. Les premiers peuples sédentaires inscrivent la déesse-mère Nature au panthéon de leur mythologie. Elle symbolise la fécondité et le cycle de la vie, de la mort et de la renaissance. Autour de ces croyances se construit toute une religiosité basée sur l'harmonie entre l'homme et la nature. Des sacrifices, des prières sont dédiés à cette dernière pour s'assurer de sa bonté et de sa générosité. L'homme est à l'écoute de la Terre et, pour préserver sa régénération et son repos, il organise sa mise en culture.

Puis les pratiques et les techniques agropastorales évoluent. Le bétail réclame de plus en plus d'espace, les communautés monastiques font la guerre aux forêts et aux espaces en friche. Avec le perfectionnement de la charrue et des outillages métalliques à partir du XIIe siècle, l'homme modifie encore les paysages et les équilibres biologiques du sol en Europe occidentale. L'heure est à la conquête, à la maîtrise et à la domination de la nature sauvage. La mère Nature a perdu son statut.

FATALE AGRICULTURE

Il y a 50 ans à peine, au sortir de la Seconde Guerre mondiale, les choses s'accélèrent. Appelée à produire plus et plus vite pour nourrir une population en augmentation constante, l'agriculture traditionnelle se retrouve très vite dépassée par la course au rendement. La modernisation passe par l'industrialisation. Apparaissent les engrais chimiques, les pesticides, la mécanisation, les monocultures et les élevages intensifs où l'animal n'est plus qu'une machine à produire. Dans les champs remembrés, les haies sont arrachées, les sols mis à nu, lessivés par les pluies. Dans les exploitations, hommes et femmes, jugés peu compétitifs, sont contraints d'abandonner leurs terres pour gagner les villes : c'est l'exode rural. À partir des années 1960, les généticiens proposent de modifier les espèces végétales et animales à leur source pour améliorer encore la productivité. Désormais, la terre n'est plus perçue comme une matière vivante qui se régénère par elle-même, mais comme un matériau à contrôler pour rentabiliser les investissements d'une poignée de firmes industrielles internationales.

LA NATURE ET L'HUMANITÉ OUTRAGÉES

Cette agriculture intensive est aujourd'hui en partie responsable de l'érosion des sols, des bouleversements climatiques, de la dégradation de la qualité de l'air, de l'eau et de notre alimentation. Elle contribue fortement à la disparition d'espèces de plantes et d'animaux sauvages ainsi que de variétés domestiques qui font pourtant partie des patrimoines naturel et culturel de l'humanité. À force de standardiser et de favoriser le développement de quelques espèces, quantité d'autres ont été éliminées, entraînant une grave diminution de la diversité génétique. La concentration d'animaux affaiblis élevés dans des conditions épouvantables est à l'origine d'un long cortège de catastrophes sanitaires : épidémies de grippe aviaire en Asie, aux Pays-Bas et au Canada, maladie de la vache folle, farines de viande contaminées par la dioxine (molécule chimique), hormones de croissance bovine dans le lait, pollution des nappes phréatiques à la suite de l'épandage des lisiers, des engrais et des pesticides, etc.

Les lois de l'économie productiviste ont également contraint des millions de petits paysans à travers le monde à abandonner leurs terres et leurs productions vivrières pour élever du bétail et cultiver des céréales à destination des pays riches. Non seulement les problèmes de la faim (840 millions de personnes, principalement dans les zones rurales, sont aujourd'hui sous-alimentées, et 24 000 en meurent encore chaque jour), de l'insécurité et des inégalités alimentaires ne seront jamais réglés par l'agriculture intensive, mais ils risquent au contraire de s'aggraver dans les années à venir, jetant sur le marché du travail les trois quarts de la main-d'œuvre agricole mondiale, soit 1 milliard de personnes qui viendront grossir la population des mégapoles.

DEVENIR RESPONSABLE

Voilà le modèle et les pratiques de production agro-industrielle dont on vante tant les mérites et les performances, sans jamais dénoncer l'ampleur du désastre économique, humanitaire, social, écologique et sanitaire qu'ils engendrent. Est-ce là l'avenir que nous réservons aux générations qui vont nous succéder ?

Les pouvoirs publics n'accordent que peu d'intérêt à la situation, pourtant catastrophique, comme si tout cela devait être finalement le prix à payer à la sacro-sainte croissance. Ils oublient par ailleurs qu'il existe, en France et à l'étranger, des alternatives efficaces et des exemples d'agriculture durable.

Il est devenu urgent de modifier nos comportements de consommateurs afin que l'acte même de manger ne soit plus ni un danger pour chacun d'entre nous, ni un acte criminel envers les pays du Sud qui s'appauvrissent. Plus que jamais, il est temps de remettre en cause ce système responsable de tant de drames humains.

Mais pour comprendre comment nous en sommes arrivés là, remontons d'abord aux sources.

Par quel mystérieux processus l'agriculture s'est-elle diversifiée et répandue à travers le monde ? Quel rôle a-t-elle joué dans l'évolution humaine ? Pourquoi l'homme a-t-il divinisé la nature pour ensuite l'exploiter outrageusement ?

Quelles ont été, à travers les siècles, les révolutions agricoles importantes, et les premières catastrophes écologiques ? Quels sont aujourd'hui les abus, et pourquoi devient-il dangereux, pour notre survie et celle des générations à venir, de poursuivre dans cette voie ? Comment manger en toute sécurité et permettre à tous les paysans du monde d'exploiter leur terre librement ? Surtout, comment nourrir 6 milliards d'êtres humains sans anéantir la planète ni retourner à l'âge de la pierre ?

Pour répondre à ces questions, pour nous éclairer sur les grandes mutations de l'agriculture, sur leurs conséquences pour notre santé et pour l'environnement, sur les manipulations dont nous sommes victimes, enfin pour envisager de nouvelles perspectives et des modes de culture respectueux, plusieurs éminents spécialistes, tous membres du Comité de veille écologique de la Fondation Nicolas Hulot, nous serviront ici de guides :

Roland Albignac, zoologue, professeur des universités, université de Franche-Comté, Besançon.

Dominique Bourg, philosophe, directeur du Centre de recherches et d'études interdisciplinaires sur le développement durable (CREIDD), professeur des universités, université de technologie de Troyes.

Jean-Paul Deléage, historien des sciences, professeur des universités, université d'Orléans.

Philippe Desbrosses, agriculteur, docteur en sciences de l'environnement, expert auprès de Bruxelles, directeur du centre pilote européen de la ferme de Sainte-Marthe, président de la section Agriculture biologique de la Commission nationale des labels et des certifications de produits agricoles et alimentaires au ministère de l'Agriculture.

François Guérold, hydrobiologiste, écotoxicologue, maître de conférences, laboratoire Biodiversité et Fonctionnement des écosystèmes, université de Metz.

Lylian Le Goff, docteur en médecine, membre de la mission « Biotechnologie » de France Nature Environnement et de la Conférence régionale de santé de Bretagne.

François Plassard, ingénieur en agriculture, docteur en économie, université Paris-I Sorbonne, ancien agent de développement territorial et acteur de développement local.

Martine Rémond-Gouilloud, juriste, professeur des universités en droit maritime, environnement et risques, université de Marne-la-Vallée.

Karine Lou Matignon

PREMIÈRE PARTIE

TERRE NOURRICIÈRE

Chapitre premier

Mère Nature

LA VIE SOUS NOS PIEDS

***Karine Lou Matignon** : La Terre a 4,5 milliards d'années. Au début, le sol tel qu'on le connaît aujourd'hui n'existait pas. Quelle a été sa genèse ?*

Philippe Desbrosses : À cette époque, la planète est une boule de lave en fusion. Lorsqu'elle se refroidit, il y a condensation de vapeur d'eau, qui retombe en pluies et crée les océans. L'atmosphère, dépourvue d'oxygène, est constituée de gaz nocifs. Il y a 3,5 milliards d'années, la vie naît dans ces océans sous la forme de micro-organismes, puis d'algues dont les cellules sont capables de capter la lumière du soleil et de fabriquer leur énergie – c'est la photosynthèse, du grec *phôtos*, « lumière », et *sunthesis*, « action de combiner ». Trois milliards d'années après la naissance des premiers organismes vivants, la planète ne compte encore que des êtres aquatiques !

À l'extérieur, seul domine le minéral ?

Philippe Desbrosses : Aucun animal, aucun chant d'oiseau, pas une seule fleur, rien qu'une étendue déserte. Et puis, miracle ! À – 430 millions d'années, une algue va quitter l'océan pour conquérir la terre et enrichir le sol, partie superficielle de la couche terrestre. Plusieurs millions d'années seront encore nécessaires pour que, sur cette roche complètement nue, des bactéries se développent et qu'apparaisse une litière, l'humus, composée de matières minérales, d'eau et d'air, en somme un complexe organique argilolimoneux dont va dépendre toute la vie végétale. C'est la partie vivante de la Terre. En fait, une couche de terre arable d'à peine 3 centimètres d'épaisseur, résultat à la fois de l'accumulation de matières organiques issues des organismes vivants et de l'altération de la roche-mère.

Comment une matière rocheuse peut-elle se dégrader et nourrir des plantes ?

Philippe Desbrosses : Tout simplement sous l'effet des éléments biologiques, physiques et chimiques : le vent, le soleil, la pluie, les racines des plantes, les micro-organismes. Évidemment, tout cela demande du temps. Au final, les minéraux contenus dans la roche sont libérés, mélangés à l'eau et absorbés par les racines des plantes.

De quoi cette couche d'humus est-elle constituée ?

Philippe Desbrosses : De débris végétaux et minéraux. En réalité, c'est une incroyable usine souterraine dans laquelle une multitude d'êtres vivants de tailles, de formes et d'activités diverses fonctionnent en interdépendance. Quand vous marchez sur un sol fertile, vous avez la vie sous vos pieds ! On y trouve des algues, des levures, des nématodes (vers microscopiques), des protozoaires (animaux unicellulaires), des actinomycètes, qui occupent un stade intermédiaire entre le champignon et la bactérie... Deux milliards de bactéries au centimètre cube, un million de champignons par gramme de terre, des millions de vers de terre – plusieurs tonnes (de 1 à 3) par hectare ! Tous ces organismes vivants composent le système digestif du sol.

Une armée effectivement impressionnante, mais à quoi sert-elle au juste ?

Philippe Desbrosses : À assurer un processus de digestion, de transformation et de régénération du sol. Les levures et moisissures agissent sur la structure de la terre, quand les bactéries transforment les résidus de la végétation précédente en aliments pour la nouvelle génération. Les algues fixent l'azote atmosphérique, maintiennent le pouvoir absorbant du sol et le taux d'oxygène. Quant aux vers de terre – qui sont d'infatigables laboureurs, puisqu'ils peuvent brasser jusqu'à 2 000 tonnes de terre par hectare (10 000 m^2) –, ils aèrent le sol et, en digérant, libèrent des substances nutritives nécessaires aux plantes. Toutes ces espèces forment une masse considérable d'êtres qui vivent et meurent en silence, soit, par an et par hectare, plus de 120 tonnes qui se renouvellent.

UN SYSTÈME INDÉPENDANT

La terre n'est donc pas un simple support cultivable ?

Philippe Desbrosses : C'est malheureusement l'idée que l'on s'en fait, alors qu'elle est au contraire un creuset de vies multiples et fondamentales, un monde qui, de plus, fonctionne en parfaite autonomie. Le sol se nourrit et se soigne en organisant lui-même la prolifération des espèces utiles à son équilibre. Ce sont ces processus biologiques et cette interdépendance entre des milliards d'êtres microscopiques qui permettent aux plantes de trouver leur nourriture.

Bien avant que l'homme ne fasse son apparition, cette organisation entre les espèces et les éléments du sol était donc déjà parfaitement réglée ?

Philippe Desbrosses : Bien sûr. À cette époque, le sol se nourrissait et prospérait déjà grâce à ses propres productions végétales, qu'il digérait au fil des saisons. La décomposition de cette végétation et des animaux qui mouraient favorisait, comme aujourd'hui, l'apparition d'humus. De ce brassage permanent, de ce cycle de vies et de morts, dépendaient la richesse du sol et la qualité de ses fruits.

Ce cycle fonctionne-t-il indépendamment des autres éléments ?

Philippe Desbrosses : Non, bien au contraire. Le vivant est solidaire dans son ensemble, et cette transformation ne peut justement se réaliser que grâce à l'eau et à la lumière, avec la photosynthèse. La plante utilise la lumière comme source d'énergie. Et, à l'inverse, l'état du sol et de sa végétation régule le climat, donc les précipitations.

C'est le sol qui fait le climat et non l'inverse ?

Philippe Desbrosses : La terre exsude par la transpiration de ses végétaux l'eau nécessaire à son rafraîchissement (nuages, pluie) et au maintien de la vie en surface. Les plantes absorbent le carbone produit par la respiration des animaux et expirent en contrepartie l'oxygène indispensable à ces derniers et aux bactéries. Sans les végétaux, il n'y aurait pas de vie sur terre. La bonne santé du sol est la clef de notre avenir. Elle permet de réguler les grands systèmes écologiques, participe à la production de notre nourriture, à la qualité de notre eau, à la vie des espèces animales et végétales qui nous entourent et dont nous dépendons.

Roland Albignac : Le sol et la végétation jouent un rôle important dans le maintien d'un microclimat favorable à la vie, mais il ne faut pas non plus perdre de vue leur dépendance vis-à-vis des grands climats régionaux (macroclimats), chauds et humides, désertiques, tempérés puis de plus en plus froids et variables suivant les saisons en remontant vers les pôles.

Existe-t-il encore des endroits au monde semblables à ces terres foisonnantes d'autrefois ?

Philippe Desbrosses : La forêt vierge amazonienne abrite l'une des faunes et des flores les plus denses au monde : 1 million d'espèces animales et végétales identifiées ! Sur 1 hectare de ce type de forêt, on trouve rarement plus de deux arbres de la même espèce. La Tasmanie, qui est une île australienne, peut aussi donner une image assez fidèle de ce qu'était la Terre plusieurs millions d'années avant notre ère : un enchevêtrement incroyable de vies, le tout baignant dans une atmosphère humide et chaude et reposant sur une mince couche de terre arable. Sous des climats plus tempérés ou froids, on trouvera évidemment d'autres variétés végétales et animales.

CHAMPS NOURRICIERS

Pourquoi tant de végétation au mètre carré ?

Philippe Desbrosses : C'est la végétation que le sol produit qui compose sa nourriture. Il a donc besoin de faire croître à sa surface une grande diversité de plantes, dont les débris variés lui seront retournés en partie pour assurer sa pérennité. C'est le principe même de l'autonomie sous la dépendance énergétique de la lumière.

Combien de temps faut-il pour fabriquer cette couche si fragile ?

Philippe Desbrosses : Il faut environ 500 ans pour fabriquer un seul centimètre de terre arable en milieu tempéré (le recyclage de la matière organique morte est plus rapide en milieu tropical) ! Il y a d'abord le stade de sa formation, qui correspond à la décomposition dans le sol des éléments dont nous avons déjà parlé. Le climat environnant, l'action de l'eau et des micro-organismes favorisent le processus. Passé ce cap, le sol atteint sa maturité.

Un capital important que nos ancêtres ont eu très tôt l'idée de domestiquer *?*

Philippe Desbrosses : L'agriculture est née entre 10 000 et 7 000 ans avant notre ère, à l'époque du Néolithique, l'« âge de la pierre nouvelle », une période de transition entre celle des tribus de nomades chasseurs-cueilleurs et la nôtre. Sa découverte serait survenue simultanément dans plusieurs régions du globe, alors qu'on a pensé pendant longtemps qu'elle était née dans un lieu unique, le Croissant fertile, une zone qui s'étend de l'Égypte au sud des rives du Nil jusqu'à la Mésopotamie, formant un arc d'où elle tire son nom. Vers 12 000 ans avant J.-C. déjà, les premiers villages natoufiens voient le jour dans les régions de l'Est méditerranéen.

Comment les hommes inventent-ils l'agriculture ?

Philippe Desbrosses : Ils ne l'inventent pas, elle est juste le résultat d'un long processus en termes d'évolution humaine. L'adaptation des hommes à leur environnement a fait naître la nécessité d'améliorer leur sécurité alimentaire. Des vallées riches en gibier et en céréales leur ont très certainement donné envie d'abandonner le nomadisme pour s'installer et vivre en communauté. Les premiers temps, ils construisent des villages mais pratiquent encore la chasse. Ils apprennent à connaître le cycle des plantes et observent surtout un phénomène particulier : la déhiscence, c'est-à-dire l'ensemencement naturel des céréales sauvages. Parvenus à maturité, les épis et les gousses des céréales éclatent et projettent leurs graines sur le sol. De cette façon, l'espèce se perpétue. Il est tout à fait probable que nos ancêtres se soient installés à proximité de ces champs nourriciers et qu'ils aient ensuite répété avec leurs gestes ce que la nature effectuait jusque-là de manière naturelle.

Ils auraient ensuite sélectionné les espèces les plus productives et les plus régulières dans leur cycle de croissance ?

Philippe Desbrosses : C'est en effet tout à fait plausible. À partir de là, l'homme ne prélève plus ce dont il a besoin ; désormais, il produit et maîtrise la nature. Il est libéré des pérégrinations sauvages et épuisantes qui pendant longtemps ont eu raison des individus les plus fragiles du groupe, les enfants et les vieillards. Le drame humain était doublement terrible, dans la mesure où les premiers représentaient l'avenir et les seconds la mémoire du clan !

L'AGRICULTURE, MOTEUR DE L'HUMANITÉ

L'agriculture a donc transformé la vie des hommes ?

Philippe Desbrosses : Considérablement ! La société s'est organisée, l'évolution intellectuelle et technologique s'est accélérée. Le polissage de la pierre pour la fabrication des outils et l'utilisation de la céramique dans les poteries ont facilité la cuisson et le stockage des graines et des huiles. La sédentarisation a créé de nouveaux comportements sociaux et économiques. Les rôles de chacun se sont définis, les hiérarchies et les spécialisations aussi : artisans, éleveurs, chasseurs, agriculteurs, nobles et guerriers... Les règles commerciales ont également vu le jour, le savoir-faire et les richesses – bijoux, outils, pierres, plantes et animaux – se sont diffusés, grâce au troc, du Proche-Orient à la zone méditerranéenne, puis à l'Europe du Nord. Les premiers paysans français, prédécesseurs de nos agriculteurs, se sont installés en France au Ve millénaire à la faveur d'un changement climatique.

Des premiers villages agraires où l'accent est mis sur la solidarité et le foyer collectif, on passe bientôt à la ville ?

Philippe Desbrosses : Oui, la ville avec la division sociale du travail, puis les cités-États comme celles érigées en Mésopotamie dès 3 000 ans avant notre ère. La conservation et la défense des récoltes nécessitent une armée, des citadelles et des remparts. Au fil des colonisations, l'esclavage s'est imposé pour fournir la main-d'œuvre nécessaire à la culture de la terre. Un peu partout à travers le monde, par la force ou de manière pacifique, l'homme s'est acharné à conquérir la Terre jusque dans les endroits les plus inaccessibles, comme les montagnes, où il a inventé la culture en terrasses. Une détermination qui a eu évidemment un impact sur la démographie. Il y a 10 000 ans, la population humaine compte entre 5 et 10 millions d'individus. Grâce à l'agriculture, elle atteint environ 300 millions au début de l'ère chrétienne et passe à 800 millions au début de l'ère industrielle, en 1750. En 1930, avec ses 462 millions d'habitants, l'Europe est encore la région de la planète la plus densément peuplée. Nous sommes aujourd'hui plus de 6 milliards d'humains sur la Terre !

L'évolution de l'agriculture engendre-t-elle de nouvelles révolutions en matière d'outillage ?

Philippe Desbrosses : Après la faucille utilisée pour couper les céréales, la faux fait son apparition au dernier siècle avant J.-C. en Gaule ; puis c'est au tour de la charrue pour labourer, de la herse pour désherber. Évidemment, ces outils entraînent la fabrication de nouveaux harnachements pour les bêtes, comme le collier d'épaule pour les chevaux et le joug de cornes pour les bovins.

LA NATURE DOMESTIQUÉE

À quelle époque les hommes ont-ils eu l'idée d'exploiter la force des animaux pour en faire des bêtes de trait ?

Philippe Desbrosses : Comme pour la domestication, il n'y a pas eu un projet précis préconçu, mais il est probable qu'une observation des comportements et des aptitudes naturelles des bêtes a conduit l'homme à envisager l'animal comme partenaire de labour. Il semblerait que le cheval a d'abord été attelé, dès 2 000 ans avant notre ère, et n'a commencé à être monté qu'un millier d'années plus tard. Quatre mille ans avant notre ère, la roue a été inventée au Moyen-Orient et son application a permis de créer le premier char à bœufs.

Quelles ont été les premières plantes cultivées ?

Philippe Desbrosses : Parmi les graminées, une céréale a pris une importance primordiale en Occident : le blé. À l'origine, il s'agissait d'un blé sauvage, appelé aussi « engrain », que l'on récoltait à mains nues. Il poussait à l'état naturel, comme il le fait encore de nos jours sur les pentes abruptes des montagnes d'Iran ou d'Irak. Les anthropologues et les paléobotanistes estiment que l'expansion des céréales a eu lieu de manière progressive en divers endroits du Proche-Orient, mais toujours à proximité d'habitats où le blé sauvage poussait naturellement. D'autres végétaux, comme l'orge, le froment, les pois, les lentilles, la vesce et le lin, ont aussi été à la base du développement de l'agriculture.

Chaque grande civilisation s'est vue associée à une céréale ?

Philippe Desbrosses : Exactement. Alors que le Proche-Orient et l'Europe se sont développés grâce au blé, les anciens Chinois, qui avaient d'ailleurs baptisé la terre « la mère de toutes choses », ont bâti leur prospérité sur le millet et le riz. Quant à l'Amérique, elle est liée au maïs, dont la culture remonte à 7 000 ans avant J.-C. Toutes ces plantes ont été d'une importance considérable dans les représentations symboliques et les rites agraires. L'acte de semer et de labourer était du reste considéré comme un acte fécondateur, et la terre était l'équivalent de la déesse primordiale, la première divinité connue. Les Égyptiens ont attribué l'apparition de l'agriculture à Osiris, les Grecs à la déesse Déméter, symbole de fécondité et de prospérité. De grandes fêtes étaient célébrées à dates fixes par les premiers cultivateurs, généralement au moment des récoltes pour fêter le retour du grain, semence d'immortalité dans presque toutes les mythologies.

Déméter enseigne aux hommes l'agriculture et la fabrication du pain ?

Philippe Desbrosses : Elle les affame aussi pour se venger du rapt de sa fille Perséphone retenue par Hadès, roi des Enfers ! Ce sont des mythes fabuleux derrière lesquels on retrouve les cycles de la vie et de la mort, du temps de la germination et de la récolte. Perséphone sous terre symbolise le grain moissonné et récolté, l'étape de la nature domestiquée par la civilisation qui la maîtrise en la cultivant et en l'entreposant.

LA QUÊTE DE LA PUISSANCE

Les premiers élevages d'animaux suivent-ils ou précèdent-ils la domestication des plantes ?

Philippe Desbrosses : Après les plantes, l'homme comprend l'avantage qu'il aurait à domestiquer les herbivores, qui se rapprochent des villages pour piller les récoltes. En dehors du chien, qui a été domestiqué entre – 14 000 et – 12 000 ans dans les régions péri-arctiques, puis entre – 10 000 et – 8 000 ans au Moyen-Orient et en Europe, la chèvre, le mouton et le bœuf l'ont été entre – 10 000 et – 9 000 ans à partir d'espèces sauvages, comme le sera, aux alentours de 8 000 ans avant notre ère, le porc issu du sanglier.

L'idée a-t-elle germé d'un coup dans l'esprit des hommes ?

Philippe Desbrosses : Pas du tout. Comment auraient-ils pu savoir qu'en domestiquant l'aurochs, un animal de plus de 2 mètres au garrot, aussi dangereux qu'un fauve, ils se trouveraient en présence de la vache, qui donnerait ensuite du lait tous les jours de l'année, et que le travail des champs en serait considérablement facilité ?! Ils n'ont compris les avantages de la domestication animale qu'une fois celle-ci réalisée.

Plus tard, l'homme tentera de faire de même avec toutes les espèces. Comme le soulignent la plupart des grands spécialistes de la domestication animale, en l'occurrence l'ethnologue Jean-Pierre Digard, c'est une manière de satisfaire sa curiosité et son envie de dominer la nature. Peu à peu, l'homme se rend compte que certains animaux, par leur tempérament et leur jeune âge, peuvent être soumis et manipulés plus facilement que d'autres. Comme celle des plantes, la domestication des bêtes implique un travail de longue haleine : une sélection des animaux, un contrôle de leur reproduction sur plusieurs générations, une protection contre les prédateurs et les maladies. L'homme, l'animal et la plante deviennent désormais dépendants les uns des autres.

En domestiquant la nature et la terre, l'homme n'a donc pas forcément gagné en indépendance et en liberté ?

Philippe Desbrosses : En effet. Nourrir les animaux et les protéger des maladies, veiller sur eux, délimiter des territoires, inventer des propriétés privées a conduit l'homme à une servitude évidente. D'autant que, par la suite, il a fallu pour défendre les greniers d'abondance ériger des villages fortifiés, instaurer des normes commerciales, constituer des armées et régler – déjà – pas mal de problèmes écologiques : épuisement des sols, pollution, épidémies, etc.

Notre relation à la nature se modifie-t-elle radicalement avec la sédentarisation, cette appropriation de la terre et la mise en culture des sols ?

Dominique Bourg : La révolution néolithique est capitale. Elle inscrit l'agriculture aux origines d'une longue quête de puissance. Avec l'avènement de l'élevage et de la culture des plantes, après une longue phase d'observation et d'apprentissage associée à la chasse et à la cueillette, la position de l'homme face au reste de la nature change radicalement. (Je reprends ici la thèse soutenue par un écologue américain, Paul Colinvaux, dans les années 1970.)

DÉESSE-MÈRE ET TAUREAU-FILS

En quoi consiste ce changement ?

Dominique Bourg : L'espèce humaine était jusqu'alors solidaire d'une niche écologique particulière : comme toute espèce, elle jouait un rôle spécifique, similaire dans divers écosystèmes ; elle survivait à cette condition. Or, avec l'avènement de l'agriculture, elle va pouvoir, sans aucune modification morphologique, jouer divers rôles et exploiter à son profit une multitude de niches. Les hommes vont peu à peu domestiquer, cultiver et transformer un grand nombre d'espèces ; ils vont encore modeler, au travers des paysages, de multiples écosystèmes. Il s'agit là pour l'homme d'une forme d'émancipation, et de l'acquisition d'une position de surplomb propice à la puissance.

D'où la naissance des mythes et des dieux pour justifier et symboliser cette marche en avant ?

Dominique Bourg : La première invention de l'agriculture, au Proche et Moyen-Orient, est probablement inséparable d'une révolution religieuse préalable. J'aime beaucoup les théories du préhistorien Jacques Cauvin à ce sujet. Il semblerait en effet que l'invention de l'agriculture, du moins dans cette région, soit passée par un contexte religieux où les hommes auraient abandonné brusquement leurs mythes anciens au profit de figures nouvelles, les dieux.

L'homme aurait inventé des dieux mâles pour se rassurer et fabriquer du pouvoir ?

Dominique Bourg : C'est parce qu'on invente des dieux forts qu'on va identifier nos limites humaines et mesurer leur étendue ! Ces figures surdimensionnées, incarnation de l'idée de puissance, auraient conduit les hommes à reconnaître leur propre finitude. C'est Adam et Ève chassés du paradis, soudainement conscients de leur nudité, contraints à tirer du sol, à la sueur de leur front, leur nourriture. Jacques Cauvin décèle dans les récits bibliques de la Genèse l'écho de cette idée alors nouvelle de la finitude, et il y voit la toute première condition de ce qui deviendra bien plus tard la notion de progrès. L'agriculture s'impose donc dans ce contexte davantage comme une tentative de domination de certains éléments de l'écosystème que comme une adaptation de l'espèce ou une nécessité urgente de pallier une insécurité alimentaire.

Cette idée n'existait pas lorsque la nature s'incarnait sous les traits d'une déesse ?

Dominique Bourg : La représentation de la nature était alors différente. Jacques Cauvin évoque ces représentations symboliques de silhouettes féminines dont on trouve trace dès 10 000 ans avant J.-C. Cinq cents ans plus tard, le symbole est devenu plus fort : la femme représentée est une déesse, mère universelle, image de la fertilité. Le taureau sauvage devient lui aussi un être puissant qui, en s'associant à la déesse, participe à la fertilité de la terre, ses cornes symbolisent la renaissance, la puissance et le pouvoir de communiquer avec des forces supérieures. En

Anatolie, principalement à Çatal Huyuk, la déesse-mère et le taureau-fils deviennent un thème récurrent. Et c'est à cette époque que l'homme se lance véritablement dans le contrôle des plantes et des animaux.

MAÎTRISER LA VIE

Il y a donc eu une rupture violente entre l'homme et la nature ?

Dominique Bourg : Non, pas violente, progressive. Le premier palier, c'est la Grèce, avec l'avènement de la notion de naturel opposée à celle de surnaturel. On commence par exemple à expliquer les tremblements de terre comme un phénomène naturel, relevant d'une suite régulière de causes et d'effets, et non plus comme la manifestation arbitraire du mécontentement d'êtres divins. Le christianisme, bien plus tard, instillera l'idée que l'homme est là pour parachever la Création et que les techniques permettent d'améliorer sa vie. Il y a d'ailleurs un bond technique dès le moment où la civilisation chrétienne et occidentale prend un essor nouveau, à partir de la révolution agricole du Moyen Âge du XIe au XIIIe siècle. Une période charnière qui participe à l'augmentation de la population. Les gens ne meurent plus de faim, l'économie se développe. Cette croissance entraîne une accélération de l'urbanisation, une progression de l'architecture, et aussi la création d'universités grâce auxquelles le savoir, jusqu'ici abrité dans les abbayes, s'émancipe.

On entre dans un système où les hommes ont désormais un idéal de puissance ?

Dominique Bourg : Attention, il serait faux d'assimiler la religion chrétienne à un culte de la puissance et de la domination de la nature. Ce serait faire injure à la tradition patristique, dont toute une veine s'exprime à travers la figure de saint François exaltant la fraternité avec les autres créatures. En revanche, un certain pan de l'héritage chrétien, conjugué au développement scientifique du XVIIe siècle, va créer une formidable machine de guerre contre la nature. Au XVIIIe siècle, la philosophie des Lumières affirme la foi dans l'homme, la raison et le progrès. Il y a à ce moment-là une volonté de comprendre la nature et de la maîtriser.

La coupure entre l'homme et la nature n'est donc pas brutale, et cette tendance à la conquête de son environnement joue sur des héritages culturels ?

Dominique Bourg : C'est cela. Des héritages bibliques, grecs, romains, européens. Quatre à cinq mille ans avant notre ère, par exemple, dans les plaines de l'Ukraine, les Indo-Européens ont été les premiers à domestiquer les chevaux, qui leur ont permis ensuite de conquérir de nouveaux territoires et de remporter plus facilement des combats ! Nous leur devons probablement le culte de l'action et de l'efficacité propre à la culture occidentale.

Assiste-t-on déjà à l'époque du Néolithique à une exploitation anarchique des sols ?

Philippe Desbrosses : Oui, et le site de Zagros, à l'est de l'Iran, en est un bon exemple. À l'origine, il s'agissait d'une région au climat doux où l'homme coexistait avec de nombreuses espèces de plantes et d'animaux. Dix mille ans avant notre ère, ce site était couvert de chênes, de graminées et d'herbacées. Peu à peu, la dégradation des sols s'est accélérée, consécutive à l'exploitation anarchique de la terre, en l'occurrence à un déboisement et à un pâturage intensifs. La contrée a perdu sa fertilité ; elle est aujourd'hui désolée et aride. En fait, dès le Néolithique, on peut dire que l'on assiste à une érosion des sols, conséquence, en grande partie, du déboisement mené par l'homme.

Cette surexploitation des ressources des sols va malheureusement devenir un phénomène récurrent à travers les siècles ?

Philippe Desbrosses : Tout à fait. Au Néolithique, dans l'Antiquité ou au Moyen Âge, les sols ont été surexploités pour les mêmes raisons qu'aujourd'hui. À vouloir augmenter trop vite leur production, les paysans d'autrefois ont utilisé les ressources de la Terre à l'excès. Ils ont défriché, déboisé, réduit les troupeaux à l'origine d'engrais naturels, jusqu'à provoquer un épuisement des sols et parfois même, ici et là, la disparition de l'humus, entraînant à la longue un abandon de ces terres labourables.

DE LA TERRE AU DÉSERT

Comment le processus de formation d'un sol peut-il à ce point s'inverser ?

Philippe Desbrosses : C'est l'accumulation d'agressions qui suffit à inverser la tendance. L'érosion des sols est d'abord un phénomène naturel dû au vent, au soleil et à l'eau. Mais il s'agit généralement d'une érosion superficielle, rapidement réparée. Là où les choses se compliquent, c'est lorsque l'homme, ou même l'animal, fait subir à un sol une trop forte pression. Des animaux qui pâturent toujours au même endroit exploitent jusqu'à la racine les dernières touffes de végétation. De la même manière, la culture d'une plante renouvelée année après année engendre un appauvrissement du sol.

Que se passe-t-il concrètement ?

Philippe Desbrosses : Le taux d'humus baisse dans les régions surexploitées, tandis que l'humidité ambiante s'affaiblit avec la raréfaction de la végétation ; puis le sable, n'étant plus retenu par l'humus, recouvre le terrain. La terre se minéralise. Les modifications du climat résultant de ce concert de perturbations accélèrent le processus de dégradation : diminution de la pluviosité, réchauffement de l'atmosphère et assèchement des terres, où la vie achève de disparaître pour laisser place au désert. Les mers de sable des déserts proviennent de la terre végétale. Le sable entre en effet dans la composition de celle-ci à hauteur de 50 ou 70 %. Il constitue la dernière étape de la transformation d'un sol vivant : les éléments se figent, entraînant la modification du climat sur de larges espaces.

Les déserts d'aujourd'hui sont donc les forêts et les plaines d'hier ?

Philippe Desbrosses : Oui, dans les milieux tempérés et méditerranéens – ce n'est pas forcément vrai en milieu tropical ou froid. Le cycle infernal commence presque toujours par le déboisement. On met le feu pour défricher de nouveaux pâturages, ou on se sert du bois pour des raisons économiques et industrielles, comme les Arabes qui ont déboisé le Maghreb pour alimenter les forges de leur puissance militaire. La Sicile était le grenier à blé de la Rome antique ; elle est morte à la suite de la déforestation de ses montagnes. Jadis, la Mésopotamie passait pour être un jardin merveilleux ; c'est aujourd'hui le plus vaste champ de ruines de la Terre ! Deux mille ans avant J.-C., les populations migraient déjà d'une région à l'autre faute de terres cultivables. L'érosion des sols a été un des facteurs de conquêtes, d'invasions et de conflits. Partout dans le monde et à toutes les époques, là où l'agriculture était prospère, on a vu, parfois en quelques dizaines d'années seulement, la situation s'inverser.

Le Sahara était-il lui aussi verdoyant ?

Philippe Desbrosses : Bien sûr. Des peintures et des gravures rupestres montrent d'ailleurs des bêtes à cornes dans des paysages luxuriants !

Hélas, aujourd'hui, son climat est uniforme de l'Atlantique à la mer Rouge : aucune saison des pluies, une température de 50 °C le jour, de 0 °C la nuit, une évaporation intense et des pluies diluviennes.

Roland Albignac : Le processus de désertification de la zone intertropicale et son aggravation exceptionnelle depuis un siècle sont en grande partie dus aux mauvaises pratiques culturales, souvent directement importées des pays industriels sans tenir compte des conditions climatiques très différentes. Cela dit, les modifications du climat ont eu aussi, au cours des siècles derniers, une part de responsabilité dans la transformation de ces paysages. Ainsi, nous avons connu de profonds bouleversements climatiques par le passé, et en particulier une succession de périodes glaciaires et interglaciaires qui remontent à seulement quelques milliers d'années.

Le drame de la mer d'Aral, ce lac d'Asie centrale, est pourtant un exemple plus récent de destruction de tout un environnement par sa surexploitation sans que les modifications climatiques soient en cause.

Philippe Desbrosses : C'est vrai. Le gouvernement soviétique, dans les années 1960, a décidé l'introduction de la monoculture de coton dans cette région bordée par le Kazakhstan et l'Ouzbékistan. Deux millions d'hectares ont alors été transformés en champs de cultures industrielles, irrigués au détriment des cultures vivrières de subsistance. Dans ce but, les deux fleuves qui alimentaient la mer (Amou-Daria et Syr-Daria) ont été détournés. Conséquence : la mer s'est asséchée, et elle est aujourd'hui condamnée à une disparition totale. Ne subsiste qu'un grand désert de sable, et des eaux contaminées par les engrais et les pesticides, dont les effets touchent 5 millions de personnes. De plus, en s'asséchant, l'eau a laissé à découvert des sels qui ont été emportés par les vents et ont recouvert les terres arables. Résultat : l'eau potable est polluée, le taux de mortalité infantile est l'un des plus élevés du monde et, sur les 30 espèces de poissons qui vivaient dans ce lac, seules 2 survivent.

DES PAYSANS AFFRANCHIS

De l'état de l'environnement dépendent le bien-être et l'avenir des populations humaines ?

Philippe Desbrosses : L'un est effectivement lié aux deux autres. La désagrégation du tissu rural fait passer des masses humaines considérables de l'état de producteurs à celui de consommateurs dépendants. Cet abandon des terres constitue un fléau qui menace l'équilibre économique du monde et la pérennité de nos ressources naturelles. Pour rester dans l'histoire, je vous citerai un autre exemple, celui de la vallée du Nil en Égypte.

Que s'est-il passé ?

Philippe Desbrosses : La vallée du Nil était l'une des régions les plus fertiles du Proche-Orient, une abondance agricole légendaire. Les crues saisonnières du fleuve laissaient sur les plaines, quand l'eau se retirait, les limons nécessaires à la culture du blé, de l'orge et des lentilles. Une grande récolte suffisait pour nourrir 7 millions d'individus ! Puis, dans les années 1960, on a voulu supprimer les crues et domestiquer l'énergie du fleuve en édifiant l'un des plus grands barrages au monde, le barrage d'Assouan, afin d'alimenter les centrales hydroélectriques.

Quelle conséquence a eu cette construction ?

Philippe Desbrosses : Le barrage a certes permis de récupérer une énergie à bon marché dans un pays sans ressources pétrolières, mais les 180 millions de tonnes de limons du fleuve n'ont bientôt plus fertilisé la terre comme ils le faisaient auparavant. L'agriculture a alors vu diminuer la qualité de ses terres, malgré l'utilisation d'énormes quantités d'engrais chimiques. Les zones saturées d'eau ont fait monter le niveau des nappes souterraines chargées de sel – car les engrais avaient aussi contribué à la salinisation. Sur plusieurs centaines de milliers d'hectares, la présence du sel en surface a détruit toute la végétation.

Revenons à l'histoire de l'agriculture. Après ces formidables bouleversements initiés au Néolithique, quelles ont été les autres grandes révolutions ?

Dominique Bourg : Il est important de signaler qu'un grand bond a été marqué par le passage de l'agriculture manuelle à l'agriculture attelée, avec ses araires dès 4 000 ans avant notre ère au Proche-Orient, puis ses charrues dans l'Europe médiévale. Mais la première grande révolution agricole aura lieu entre le XIe et le XIIIe siècle avec le développement d'un certain nombre de pratiques nouvelles qui vont donner un élan à l'économie agricole : le système des jachères (terres en repos) avec assolement triennal (alternance de 3 cultures sur un même sol), la stabulation avec récolte du fumier pour amender les sols, la culture attelée lourde (substitution de la charrue à l'araire, qui exige que l'on retourne le sol avec une bêche ou une houe). C'est bien plus tard, en Hollande, au XVIIe siècle, que se forme et se développe une nouvelle agriculture qui annonce déjà la nôtre. La première civilisation au monde à avoir réussi, avec 50 % de sa population affectée aux tâches agricoles, à nourrir les 50 % restants !

Toutes ces innovations ont donc permis d'augmenter sensiblement à la fois le rendement des terres et la productivité du travail agricole ?

Dominique Bourg : Les innovations médiévales ont permis un accroissement tout à fait notable de la population et une économie florissante. Ensuite, la révolution industrielle suscite une augmentation du pouvoir d'achat et une amélioration des techniques. Enfin, la troisième grande étape aura lieu à compter du XIXe siècle avec la mécanisation, qui voit le jour en Angleterre et aux États-Unis, puis ultérieurement avec l'artificialisation. C'est l'époque des charrues métalliques, des faneuses, des semoirs, des moissonneuses-lieuses, etc. Le modèle mécanisation et artificialisation se mondialise après 1945 et prend une ampleur exceptionnelle, dont on est alors très loin de soupçonner les conséquences ! C'est la révolution verte.

Chapitre 2

La révolution verte

L'HOMME ET LA NATURE SACRIFIÉS

Karine Lou Matignon *: Comment la France est-elle passée de l'agriculture traditionnelle à l'agriculture industrielle ?*

Philippe Desbrosses : En 1958, deux experts en économie et prospective, Louis Armand et Jacques Rueff, ont remis au général de Gaulle un rapport visant à jeter les bases d'une nouvelle expansion économique. Le but était alors de faire de la France une puissance industrielle égale sinon proche du modèle de l'Angleterre. Pour réaliser ce plan, des disparités sociales ont été volontairement provoquées au détriment du monde paysan, de telle manière qu'une grande majorité d'entre eux, à la tête de fermes familiales, ont été contraints de quitter leur terre pour partir en ville et constituer une main-d'œuvre dans le secteur industriel, en particulier automobile.

Comment ces disparités ont-elles été provoquées ?

Philippe Desbrosses : Avec le plus grand cynisme ! Je vous cite très exactement ce qui figure dans le rapport Rueff-Armand de cette époque : « Le mécanisme des prix ne remplira son office dans le secteur agricole qu'en infligeant aux agriculteurs presque en permanence un niveau de vie sensiblement inférieur à celui des autres catégories de travailleurs. » Démoniaque, non ?!

Quelles ont été les conséquences ?

Philippe Desbrosses : Cette situation a conduit à faire disparaître les petites exploitations insuffisamment rentables au regard de ce modèle artificiel. Dix millions de personnes, dont quatre millions de paysans, ont ainsi dû quitter le monde rural en 40 ans. Ces hommes et ces femmes ont perdu leurs repères, leur mémoire et leur identité. Trente-cinq mille exploitations disparaissent encore chaque année en France, une toutes les 15 minutes ! Or, selon un calcul du Parlement européen, pour une exploitation qui s'éteint, ce sont 5 emplois directs ou indirects qui sont supprimés. Vous avez donc 150 000 emplois qui s'évanouissent chaque année. Au bout du compte, une hémorragie silencieuse et une somme de détresses qui ne font descendre personne dans les rues parce que c'est un mal tabou.

On peut dire que l'économie paysanne a été sacrifiée ?

Philippe Desbrosses : Complètement. De fait, une partie de la population rurale s'est retrouvée déracinée, fragilisée et placée sous dépendance. D'autant qu'avec ce désir de révolution industrielle est venu le temps de l'agriculture technologique, déjà amorcée peu après la Seconde Guerre mondiale pour augmenter les rendements. Bien sûr, il y avait à cette époque une certaine logique : le pays était dans une situation économique catastrophique et il était impératif de faire face aux pénuries alimentaires résultant des guerres. Mais la notion de rendement est très vite devenue une priorité, malheureusement au détriment même de la qualité. Elle a bouleversé tous les systèmes.

François Plassard : À noter que 15 ans plus tard, dans les années 1970, l'essor de la grande distribution en France, exportée ensuite en Amérique, marquera un pas nouveau dans l'intégration de l'agriculture au développement industriel.

Ces transformations tournées vers la modernité et l'enrichissement ont pu toutefois apparaître attractives pour une partie de la population agricole habituée jusque-là à vivre dans une certaine précarité...

Philippe Desbrosses : Certainement. En même temps, c'est aussi la mise en route d'un incroyable engrenage ! Par exemple, en remplaçant les animaux de trait par des machines jugées plus performantes, on a bien sûr facilité le travail des hommes, mais aussi privé les sols d'engrais naturel, véritable levain pour la terre. Pour pallier ce manque, on a alors eu recours aux engrais artificiels, et les animaux devenus inutiles dans les champs et les cours de ferme ont été rassemblés en surnombre dans des élevages en batterie dits « hors sol ». Quantité d'agriculteurs, en effet, se sont engagés dans cette voie. Qui pouvait résister aux sirènes du progrès et du modernisme, avec en ligne de mire un accroissement des récoltes et une simplification des tâches ?

PROSPÉRITÉ AMÈRE

Comment les agriculteurs ont-ils été incités à ce changement ?

Philippe Desbrosses : Les démarcheurs commerciaux, les émissaires des firmes agro-industrielles, les techniciens agricoles ont réalisé un important travail de promotion et de communication dans ce sens. Les syndicats aussi. C'est d'ailleurs en 1945 que la FNSEA (Fédération nationale des syndicats d'exploitants agricoles) a vu le jour, avec pour mission de faire du paysan un agriculteur « moderne, progressiste et impliqué dans la société industrielle ». Des tracteurs perfectionnés ont été proposés à l'essai, des engrais testés sur des parcelles. Dopée aux fertilisants chimiques, la terre a produit de façon tellement abondante que les machines agricoles à traction animale se sont montrées bien incapables de récolter. Du coup, il a fallu les remplacer. Placé au pied du mur, l'agriculteur a donc été contraint de s'engager dans une course folle à la mécanisation, une mécanisation toujours plus puissante, plus sophistiquée, au point de devenir contre-productive, car si un tracteur coûtait l'équivalent de 120 quintaux de blé en 1947, à puissance égale il coûte aujourd'hui 10 fois ce prix en absorbant cependant plus de la totalité de la valeur de ce qu'il est censé produire !

Le modernisme a donc ses limites ?

Philippe Desbrosses : Et comment ! Aujourd'hui, on peut se réjouir de voir qu'un homme et une moissonneuse suffisent pour travailler un champ là où il fallait 30 hommes il y a 20 ans à peine. Seulement, pour reprendre la réflexion de l'agronome André Gattheron, on oublie le nombre d'individus qui, au final, auront été nécessaires pour construire la moissonneuse et l'entretenir ! On se rend compte alors qu'un quintal de blé ne peut plus nourrir toutes les personnes qui ont contribué à la production même de ce champ. De plus, on a tendance à s'extasier devant les performances, mais personne ne s'étonne du fait que, depuis 1960, l'endettement des agriculteurs a doublé tous les 5 ans. Ce n'est d'ailleurs pas un hasard, malheureusement, si cette catégorie socioprofessionnelle sinistrée est celle où l'on se suicide le plus !

Endettés, sinistrés, les agriculteurs sont néanmoins incités en permanence à augmenter toujours davantage leurs rendements...

Philippe Desbrosses : Encouragés à grand renfort de subventions, effectivement. Avec là aussi des aberrations, car ce sont les plus productivistes, représentant seulement 15 % des agriculteurs, qui reçoivent 83 % des aides. Celles-ci s'élèvent chaque année pour la France à 27 milliards d'euros. Et par quel miracle, sinon par le biais des contribuables-consommateurs, qui paient l'équivalent du tiers de leur nourriture au percepteur afin qu'il le reverse au système agro-industriel !

Il semble paradoxal de stimuler la production quand on sait que l'Europe croule sous les excédents de toutes sortes.

Philippe Desbrosses : Des excédents dont les frais de stockage, qui restent bien entendu à la charge des contribuables, sont plus élevés que les coûts de production ! C'est ainsi que des carcasses de bœuf attendent pendant des années dans les frigos communautaires avant d'être finalement détruites. Tous les ans, ce sont aussi plusieurs centaines de milliers de tonnes d'excédents divers qui subissent le même sort.

Peut-on dire que, depuis le milieu des années 1970, les marchés agricoles sont devenus largement excédentaires ?

Philippe Desbrosses : Effectivement. À trop produire, les cours chutent, et les subventions et aides diverses reversées systématiquement pour compenser la baisse des prix ne font qu'aggraver le processus d'asphyxie.

François Plassard : De tout temps, les excédents agricoles qui font s'effondrer les prix (5 % d'excédents peuvent diviser les prix par deux !) ont été synonymes de catastrophe pour l'agriculteur. Les jacqueries des révoltes paysannes en sont issues ! C'est sans doute pour ces raisons spécifiques que nous n'avons jamais vu dans l'histoire un pouvoir politique (chargé de réguler la violence collective) se désintéresser de la question agricole pour l'abandonner aux seules mains du marché.

LE VRAI PRIX À PAYER

Combien l'agriculture telle qu'elle est pratiquée aujourd'hui coûte-t-elle à la collectivité ?

Philippe Desbrosses : En 1999, la politique agricole commune (PAC) représentait la moitié du budget de l'Europe, c'est-à-dire 45 milliards d'euros (300 milliards de francs) par an, soit en moyenne 457 euros (3 000 francs) par an et par ménage, un pactole distribué sous forme de subventions, d'aides et de primes variées, de montants compensatoires. Par ailleurs, l'agriculture productiviste a un coût énergétique énorme : en fait, elle consomme davantage d'énergie qu'elle n'en produit ! Un aliment fait souvent 3 fois le tour de la Terre avant d'arriver dans l'assiette du consommateur ; entre-temps, il a gaspillé de précieuses ressources en eau – dont nous allons manquer avant 10 ans –, mais aussi engendré des gaz à effet de serre responsables de la réduction de la couche d'ozone et généré des tonnes de matières polluantes. Il faut savoir que 1 000 tonnes d'eau sont nécessaires pour produire 1 tonne de céréales !

Les indications monétaires qui se félicitent des excédents cachent donc les conditions dans lesquelles la production agricole est obtenue ?

Philippe Desbrosses : Les exemples sont nombreux et variés, mais toujours éloquents : produire un pied de salade en serre nécessite d'utiliser 1 litre de fuel ! De la même manière, 1 calorie viande demande 80 calories pétrole ! Pour un steak dans un *fast-food*, il faut transformer 5 m^2 de forêt vierge en pâturage. Les États-Unis consomment ainsi chaque jour 1 000 tonnes de viande de bœuf en boulettes pour leurs Big Mac, participant directement à l'accélération du déboisement en Amérique du Sud et en Amérique centrale. Quant au bœuf, si un seul individu fournit 1 500 repas, les céréales avec lesquelles on l'a nourri en auraient fourni 18 000, sachant que 1 gramme de protéines animales coûte 7 à 9 grammes de protéines végétales.

François Plassard : En juillet 1994, la revue *Scientific American* compare les polycultures traditionnelles et les agricultures industrielles. Les premières produisent 100 unités de nourriture pour 5 unités d'intrant (de consommation) énergétique, les secondes ont besoin de 300 unités d'intrant énergétique pour produire les mêmes 100 unités de nourriture. C'est ce qui fait dire aux chercheurs Pimentel et Duzhone que, si à partir de 1990 nous avions nourri 5 milliards d'êtres humains avec ces technologies agro-industrielles, les réserves de pétrole seraient épuisées depuis 1996 ! N'oublions pas non plus, en écoutant nos chefs d'État se féliciter des exportations céréalières, que 1 milliard de francs de céréales exportées correspond à peu près à 1 milliard de francs de subventions !

LE BŒUF QUI DÉVORAIT LA FORÊT

Les forêts de l'Amazonie sont donc abattues pour être transformées en pâturages ?

Philippe Desbrosses : Le Brésil, où 1 % seulement des grands exploitants détient 50 % des terres, s'impose comme le premier exportateur mondial de viande bovine (on est passé de 300 000 à 1,4 million de tonnes entre 1997 et 2004), et ce alors que 60 millions de Brésiliens souffrent de pénurie alimentaire. Conséquence, selon les estimations d'un rapport du CIFOR (Centre international de recherches forestières), les forêts de l'Amazonie ont été rasées à 80 % pour devenir des pâturages. À raison de 1 hectare par tête et sachant que le nombre de bêtes a fait un bond de 26 à plus de 57 millions, on estime que 17,2 millions d'hectares ont été déforestés en 10 ans, soit la superficie de l'Uruguay ou 2 fois celle du Portugal !

Roland Albignac : Le cas de l'Amazonie n'est pas unique. La forte demande internationale de viande favorise l'élevage extensif dans les pays tropicaux en vue de produire au plus bas prix. Les espaces ouverts (savanes herbeuses) sont systématiquement recherchés, et l'on n'hésite pas à détruire des milliers d'hectares de forêts pour les transformer en zone de pâturages, comme en Afrique ou à Madagascar.

Un journaliste allemand, Kerstin Killian, a cité également un exemple édifiant, celui du Costa Rica.

Philippe Desbrosses : C'est juste. En 1950, le pays était recouvert de forêts à 72 % (soit 37 000 km^2) ; en 1997, il ne l'était plus qu'à 26 %. Et 60 000 hectares continuent d'être déboisés chaque année pour le bétail ! En outre, lorsque les carcasses s'en vont vers les États-Unis ou l'Europe à des prix ridiculement bas, alors que les populations locales n'y ont accès qu'à des prix prohibitifs, elles laissent derrière elles des sols épuisés et des gens appauvris. Pendant la première année d'exploitation après le déboisement, il faut au minimum 1 hectare de prairie pour nourrir une seule tête de bétail. Cinq ans plus tard, 5 à 7 hectares y suffisent à peine. Quelques années encore et le sol est complètement latérisé (minéralisé), avant de finir par devenir stérile. C'est pourquoi 8 millions de petits paysans se retrouvent aujourd'hui sans terre. Ils ont été spoliés par les grandes compagnies militaro-industrielles qui cultivent des plantes ou font pâturer du bétail pour les besoins des pays du Nord, au détriment de leurs cultures vivrières. N'oublions pas que 55 % de la production de protéines végétales dans le monde sert à nourrir le bétail occidental.

Le bétail des riches est finalement mieux nourri que les hommes du tiers monde ?

Philippe Desbrosses : Tout à fait : 25 % de la population mondiale consomment plus de 60 % de la viande produite sur la planète, et la quantité de produits céréaliers destinée au bétail du Nord est supérieure de 25 % à celle destinée aux populations des pays du Sud ! C'est tout dire… On connaît ce raccourci facile, mais au demeurant bien réel : en mangeant 2 fois moins de steaks, la population américaine économiserait de quoi sustenter 60 millions de personnes qui meurent de faim chaque année. Et avec la seule consommation annuelle du bétail américain, il serait possible de nourrir plus de 1 milliard de personnes souffrant de malnutrition.

Des populations qui, pour la plupart, sont forcées d'abandonner leurs cultures locales pratiquées de manière traditionnelle pour s'engager dans une agriculture productiviste qui ne les nourrit même pas...

Philippe Desbrosses : En Thaïlande, 90 % de la production de manioc est exportée alors que des milliers de personnes cherchent vainement à se nourrir. Les bénéfices n'en reviennent qu'aux riches exploitants. Expropriés, exploités, affamés, des milliers de paysans liés depuis toujours aux modes alimentaires ancestraux ont dû s'adapter aux dures lois du marché ou disparaître. En Inde et en Chine, hommes, femmes et enfants affluent en ce moment même par milliers vers les bidonvilles, fuyant les conséquences de la révolution de l'agriculture industrielle et des règles édictées par l'Organisation mondiale du commerce (OMC).

LA DICTATURE COMMERCIALE

Le commerce mondial est-il le fait de l'OMC ?

François Plassard : L'OMC a pris son essor en 1995 pour réglementer et organiser le libre-échange des marchandises et des services. Elle comprend 144 États. Seuls quelques pays en voie de développement participent aux prises de décision. Le but général de l'organisation, à savoir la promotion de la concurrence libérale, a deux fonctions principales. La première est de transformer tous les aspects de la vie en marchandises, de la culture à la biodiversité (diversité du vivant) en passant par la nourriture, l'eau, les moyens d'existence... La deuxième est de justifier la destruction de la nature par les lois de la concurrence. En réalité, l'OMC, au lieu de la protection des hommes et de la nature, instaure celle des grosses entreprises qui satisfont seulement les consommateurs solvables.

La révolution verte a-t-elle été imposée à l'ensemble du monde par le biais de l'OMC ?

Philippe Desbrosses : En grande partie. Or ces accords internationaux imposés par les pays riches pour la libre circulation des marchandises, sous l'apparence vertueuse du libre-échange, me semblent être la plus formidable entreprise d'exaction contre les droits de l'homme. C'est la destruction des économies locales pour l'expansion incontrôlée des multinationales. L'OMC prend un pays autosuffisant et le transforme en pays exportateur en lui faisant produire des biens de consommation dont l'Occident a besoin. Ce pays devient alors très vite dépendant du système international, puis au bout de quelques années se retrouve dans une détresse profonde à cause de la disparité des échanges, qui finissent par le ruiner.

Appliquer brutalement le modèle libéral à une économie traditionnelle mène donc au chaos social et économique ?

Philippe Desbrosses : Et environnemental ! Un exemple récent : le cas de l'Éthiopie. C'est en 1990 que les pays du Nord ont tenté d'y introduire un marché libéral, avec comme objectif la monoculture de céréales. Celle-ci a finalement entraîné une surproduction avec des conséquences dramatiques pour le pays. Très vite, les récoltes abondantes ont finalement fait chuter les prix, les céréales exportées se sont retrouvées en concurrence avec celles des grandes plaines céréalières occidentales et, au final, les terres surexploitées se sont érodées. Aujourd'hui, ce sont 40 000 hectares de terres cultivables qui disparaissent chaque année, et des milliers de paysans sont condamnés à la disette. À tel point que le gouvernement repense toute son agriculture autour d'une diversification des aliments, d'un développement rural, d'une prévention de l'érosion et d'une conservation des ressources en eau.

Les pays qui vont prochainement adhérer à l'Europe vont-ils subir le même modèle agricole ?

Lylian Le Goff : Ils savent que leur agriculture – pour la plupart, elle est encore au stade de la paysannerie familiale – va devoir en passer par les mêmes schémas que ceux qui ont été imposés à la nôtre. Car, en dépit de toutes les dérives que l'on dénonce, le modèle perdure. C'est le résultat d'une étroite collaboration entre l'Union européenne, avec la politique agricole commune (PAC), l'OMC et la Banque mondiale, favorisant les grands échanges financiers au détriment des échanges locaux de proximité, lesquels redonnent de l'autonomie.

LES RAVAGES DU LIBRE-ÉCHANGE

Cette collaboration fragilise donc l'indépendance économique de certains pays ?

Philippe Desbrosses : Exactement. On peut rappeler ce chantage bien connu des banques, qui exigent des autorités le développement ou la pérennité d'une agriculture industrielle en échange de devises pour s'acquitter de leurs dettes. C'est ce qu'a vécu en 1984 le Brésil, à qui il a été demandé de garantir la protection des marchés de pesticides d'une grande firme multinationale allemande contre un prêt de plusieurs milliards de dollars. De la même manière, sa dette extérieure a été réduite en contrepartie d'un déboisement massif pour faire paître le bétail à destination des États-Unis. Les choses n'ont pas changé, et elles se sont même aggravées. Pour l'heure, la Banque mondiale et les accords de libre-échange continuent d'asphyxier les petits producteurs.

Et sitôt que les petits cultivateurs locaux disparaissent, leurs terres sont rachetées par les industriels de l'agriculture grâce aux subventions qui leur sont accordées ?

Philippe Desbrosses : Tout à fait. Non seulement ce système participe à la destruction des sols, mais il provoque, on l'a vu, l'exode de milliers de paysans, qui viennent grossir les populations pauvres des bidonvilles. Les produits agricoles issus du productivisme des pays du Nord, Europe et États-Unis, sont ensuite pour une large part exportés et vendus à bas prix dans les pays du Sud, ce qui contribue encore à détruire la faible structure de l'agriculture traditionnelle.

Certains pays ont pourtant résisté et montré qu'une agriculture de proximité était possible ?

Philippe Desbrosses : La Chine a été pendant longtemps un bon exemple. Un milliard et demi d'hommes ont obtenu leur autosuffisance sur un territoire de 113 millions de km^2 de surface agricole avec des moyens aussi archaïques que la houe et la traction animale. La Chine nourrissait environ 13 personnes avec 1 hectare de terre, pendant que la France, avec 30 millions d'hectares de surface agricole utile (laquelle correspond à la surface exploitable sur un espace donné), ne nourrit que 60 millions d'individus, soit moins de 2 personnes par hectare. Il est vrai que les deux modèles ne sont pas comparables : l'un est fondé sur la satisfaction d'un besoin prioritaire – la nourriture –, l'autre sur le gaspillage !

François Plassard : Il importe toutefois de souligner que l'équilibre en Chine est maintenant rompu du fait de l'industrialisation de l'agriculture, qui a poussé 10 millions de paysans à abandonner leurs fermes en seulement une année ! Et que se passera-t-il quand les 327 millions d'autres (actifs ruraux) migreront vers les villes dans les décennies à venir ?

DEUXIÈME PARTIE

TERRE ENNEMIE

Chapitre 3

L'homme et la nature en guerre

***Karine Lou Matignon** : Quelle est la principale conséquence du progrès réduit aux performances appliquées à l'agriculture ?*

Philippe Desbrosses : Une utilisation à outrance d'engrais artificiels, au détriment des cycles naturels des sols. Ces engrais épuisent les matières organiques, accélèrent la disparition de cette couche superficielle de la terre qu'est l'humus et modifient la structure du sol, lequel a ensuite beaucoup de mal à retenir l'humidité. L'eau qui s'infiltre lave et entraîne avec elle les nutriments de la terre. Au bout d'un certain temps, les plantes qui en sont privées finissent par dépérir, ou se développent moins bien. À titre d'exemple, les racines d'un blé moderne, nourri d'engrais chimiques, ne dépassent pas quelques dizaines de centimètres alors que celles d'un blé sauvage peuvent atteindre 8 mètres de profondeur !

Pourquoi ces racines plongent-elles aussi loin dans la terre ?

Philippe Desbrosses : Les racines absorbent par leurs radicelles la nourriture et l'eau stockées dans les profondeurs. Elles en irriguent les plantes jusqu'à la cime, déposant dans les tiges et les feuilles les éléments nutritifs qui seront transformés ensuite en sucre. Des plantes ainsi nourries utilisent environ une soixantaine de minéraux extraits du sol. C'est ce qui rend les plantes issues de cultures saines plus riches, en termes de minéraux, que les autres, et donc bénéfiques pour notre santé.

De quoi sont composés ces fameux engrais artificiels, et d'où viennent-ils ?

Philippe Desbrosses : La trilogie NPK – la recette miracle constituée d'azote, de phosphore et de potasse pour stimuler artificiellement la croissance, apparaît au milieu du XIXe siècle comme remède aux terres infertiles et appauvries. À partir de 1840, un agrochimiste allemand, Justus von Liebig, réalise la mise au point d'engrais azotés à partir de la chimie de synthèse. Plus tard, plusieurs engrais chimiques sont fabriqués à partir du recyclage d'usines d'explosifs à base de nitrate utilisés pendant les guerres. En 1905, le chimiste allemand Fritz Haber met au point un procédé industriel de l'azote à un coût acceptable économiquement. Les choses évoluent ensuite très rapidement. Preuve en est que nous sommes passés de 14 millions de tonnes répandues au début des années 1950 dans le monde à 134 millions au début du XXIe siècle.

Il est tout de même indéniable que ces engrais chimiques favorisent une pousse spectaculaire des végétaux ?

Philippe Desbrosses : C'est un leurre. Dans les champs fertilisés artificiellement, les plantes n'ont d'autre choix que d'absorber de l'eau pour diluer les sels indésirables de ces engrais artificiels. Or on sait que les sels retiennent l'eau dans les tissus. C'est ce qui explique la croissance extraordinaire de ces végétaux. De plus, l'apport excessif de potasse soluble modifie la teneur en magnésium des sols, et par conséquent des plantes, ce qui n'est favorable ni pour les animaux ni pour les hommes qui s'en nourrissent. Enfin, plusieurs chercheurs ont montré qu'une fertilisation minérale trop importante, en particulier par excès d'azote, provoquait dans la plante un dérèglement du métabolisme des protides au bénéfice des glucides, la rendant ainsi plus appétente pour l'insecte ravageur.

Jean-Paul Deléage : La majorité des végétaux a besoin de 300 à 1 000 kilos d'eau pour synthétiser 1 kilo de matière sèche. Le blé, par exemple, exige entre 400 et 500 kilos d'eau pour produire un seul kilo de matière sèche (graines, tiges, racines).

L'apport massif d'engrais solubles accélère donc les déséquilibres biologiques des plantes et des sols ?

Philippe Desbrosses : C'est exact. Il participe surtout à la disparition de la terre arable, qui se minéralise. Sur le chemin qui mène au désert, ces engrais artificiels, associés à la pratique courante de la monoculture, qui consiste à ne cultiver qu'une seule espèce de plante année après année, contribuent à l'épuisement des sols. À l'inverse, il faudrait varier les cultures, permettre à la terre de se reposer, aux racines des herbes de se développer en profondeur et de faciliter les échanges entre la surface et les couches profondes.

LE DÉSERT À NOS PORTES

Si elle est néfaste, alors pour quelle raison la pratique de la monoculture perdure-t-elle ?

Lylian Le Goff : Les primes dispensées par la politique agricole commune conditionnent ce genre d'agriculture stéréotypée. Lorsqu'on donne 45 euros (300 francs) par hectare pour semer du fourrage herbager contre 300 à 365 euros (2 000 à 2 400 francs) pour cultiver du maïs en guise de fourrage, on comprend pourquoi nos campagnes en sont couvertes. De toutes les primes, celle-ci est la plus scandaleuse. Non seulement elle est onéreuse, mais le maïs cultivé année après année au même endroit est dommageable pour l'environnement, car c'est une plante subtropicale exigeante en eau. Cette pratique provoque une accélération de l'érosion des sols, mis à nu l'hiver, dans la mesure où, grâce à la prime, il n'est plus nécessaire de pratiquer des rotations de cultures.

Une érosion des sols qui finalement oblige, au bout d'un certain temps, à utiliser davantage d'engrais afin de conserver les mêmes rendements. C'est un cercle vicieux ?

Philippe Desbrosses : Tout à fait, et lorsque la monoculture s'associe à l'épandage d'engrais chimiques, la terre est tellement abîmée que l'eau de pluie inonde et sature cette surface, entraînant avec elle le sol fertile. Dès que le soleil apparaît, la sécheresse sévit. L'irrigation accélère le lessivage des sols.

Avez-vous un exemple précis ?

Philippe Desbrosses : En Chine, conséquence du réchauffement de la planète, les agriculteurs puisent de plus en plus d'eau avec des rendements de moins en moins importants. L'irrigation pratiquée pour l'agriculture intensive suppose une inondation des terres. L'eau, acheminée par des canalisations, provient de sources et de nappes phréatiques qui contiennent une grande quantité de sels minéraux. Lorsqu'elle s'évapore, les sels demeurent. Dix mille tonnes d'eau par hectare abandonneraient en surface, en moyenne, trois tonnes de sels. Avec la salinisation, les sols deviennent infertiles.

La France est-elle touchée par l'érosion ?

Philippe Desbrosses : Ce spectacle navrant, que l'on pouvait croire réservé aux seules régions tropicales ou aux reliefs méditerranéens, atteint maintenant des zones aussi inattendues que les grandes plaines fertiles du nord de la France. Dans l'Hexagone, ce sont près de 10 millions d'hectares qui sont concernés par l'érosion, contre 4 millions il y a 40 ans. De la même manière, la perte de matières organiques dans les sols, qui était de 10 tonnes dans les années 1970, atteint aujourd'hui 20 tonnes par hectare et par an (34 tonnes en Espagne).

Le phénomène d'érosion des sols concerne en fait toutes les régions du monde exploitées inten-

sivement par les méthodes industrielles, monocultures et engrais chimiques ?

Philippe Desbrosses : Oui, avec des dégradations plus ou moins rapides selon la fragilité des supports. Globalement, le désert gagne 6 millions d'hectares par an sur les terres fertiles et avance au rythme de 1 hectare toutes les 4 secondes. C'est l'équivalent d'un pays comme la Belgique qui disparaît chaque année ! Selon David Pimentel, spécialiste en écologie et agriculture du globe à l'université Cornell (État de New York), les États-Unis perdent annuellement 1,7 milliard de tonnes d'humus, tandis que l'ex-Union soviétique en voit se volatiliser 2,5 milliards de tonnes (80 % de ses sols sont touchés par l'érosion). En zone tropicale et équatoriale, les monocultures et l'utilisation de produits chimiques épuisent définitivement les sols en 10 ans. En Afrique, plus de 65 % des terres sont déjà érodées. De plus, cet appauvrissement est accéléré par deux autres actions dommageables auxquelles recourt largement l'agriculture industrielle.

Quelles sont-elles ?

Philippe Desbrosses : L'utilisation de gros engins et le remembrement, conséquences d'une méconnaissance totale des sols et de la vie qui s'y développe. Dans le premier cas, le retournement profond des sols bouleverse l'équilibre des colonies microbiennes en enterrant profondément celles qui ont besoin d'oxygène (aérobies) et qui vivent dans les couches superficielles. Quant au remembrement, il est pratiqué pour faciliter l'accès à la mécanisation en regroupant les parcelles : haies et talus sont systématiquement détruits pour gagner en surface ou parce que les tracteurs sont de taille de plus en plus impressionnante. Or il ne tient évidemment pas compte des risques d'érosion.

DESTRUCTIONS EN CHAÎNE

À quand remonte la pratique du remembrement ?

François Guérold : Cette pratique est née en France dans les années 1940. Depuis 30 ans, dans l'Hexagone, ce sont 800 000 kilomètres de haies qui ont disparu, et 250 000 hectares continuent d'être remembrés chaque année, alors qu'en Belgique on propose des subventions pour replanter les haies ! Cette possibilité existe également en France, mais les incitations sont très modérées. Ceci ne fait que souligner l'incohérence du système : d'un côté on détruit, de l'autre on finance pour replanter...

En quoi ces haies sont-elles si importantes ?

François Guérold : Autrefois, elles servaient à clore les prés pour éviter que le bétail ne divague. Auprès d'elles, les animaux pouvaient également se protéger des intempéries. Aujourd'hui encore, la haie reste d'une importance capitale pour plusieurs raisons qui, malheureusement, passent trop souvent inaperçues. Elle abrite d'abord une flore et surtout une faune très importante. De très nombreuses espèces d'oiseaux nidifient dans les haies, ou encore les utilisent comme perchoir et comme refuge. Du rouge-gorge au bruant à tête jaune en passant par le merle et le bouvreuil, tous dépendent étroitement d'elles pour leur survie dans les milieux agricoles. De la même façon, le lièvre aime s'y cacher, le chevreuil s'y reposer. Belettes, hermines et autres prédateurs y trouvent le gîte et le couvert. Les fleurs produites par les essences qui composent les haies attirent aussi des myriades d'insectes, certains d'entre eux participant à la pollinisation d'espèces végétales sauvages ou cultivées. Par ailleurs, les haies constituent de véritables coupe-vent, protégeant les cultures.

Et toutes ces espèces animales et végétales ont évidemment leur utilité…

François Guérold : Oui. Toutes les espèces ont une utilité, même si celle-ci n'est pas souvent connue. Par exemple, les prédateurs à plumes, comme la buse, ou à poils, comme le renard, se nourrissent essentiellement de rongeurs, qui eux s'attaquent aux prairies et aux champs. Les oiseaux qui consomment des insectes attirés par certaines plantes peuvent limiter leur action ravageuse sur les cultures. Or, en détruisant les haies, et par conséquent les prédateurs naturels, on en revient aux pesticides censés les tuer, avec des conséquences dramatiques pour toute la faune et la flore.

Un exemple ?

François Guérold : Les campagnes de lutte chimique engagées depuis une vingtaine d'années sur de vastes échelles contre le pullulement de campagnols provoquent l'empoisonnement – direct ou indirect – de nombreuses autres espèces, du rapace au sanglier en passant par les animaux domestiques. Les surfaces traitées augmentent à une vitesse inquiétante. Pour la seule région de Franche-Comté et selon une étude de l'INRA (Institut national de la recherche agronomique), si 7 000 hectares ont été traités en 1980-1981, ce sont 75 000 hectares qui l'ont été pendant la période 1995-1998 !

Roland Albignac : Pourtant, les premières études de suivis écologiques avaient dénoncé en

1984 cet impact négatif des traitements chimiques sur le reste de la faune ; il était déjà proposé à cette époque des alternatives en termes d'aménagement du paysage, en particulier la réhabilitation des haies comme moyen de diminuer les traitements chimiques, à utiliser uniquement pendant les périodes de pullulement du campagnol.

Comment résoudre le problème ?

François Guérold : Le tout-chimique est une erreur et une utopie. Il est nécessaire de revenir à une lutte biologique en prenant en compte le cycle de vie et de développement des populations. Selon Pierre Delâtre, chercheur à l'INRA, le risque d'un pullulement de campagnols dans les prairies en herbe (où l'on peut trouver plusieurs centaines d'individus par hectare) est maximal dans les espaces très ouverts et homogènes. À l'inverse, il diminue dans les espaces boisés et bocagés. Revenir à un paysage où règne l'équilibre entre les terres labourées, les surfaces boisées, les bocages et les prairies permet déjà de réguler naturellement la population de campagnols en encourageant la compétition avec d'autres espèces et en assurant des corridors et des habitats propices aux prédateurs (buses, chouettes, renards, hermines, belettes...). Massacrer des milliers de renards, comme on le fait encore chaque année, est une aberration quand on sait qu'un seul individu peut capturer entre 6 000 et 10 000 rongeurs par an !

La diversité des paysages, la protection des haies et le respect des prédateurs constituent donc une alternative à l'usage de poison.

Pourquoi ces solutions simples et de bon sens ne sont-elles pas mises en œuvre ?

François Guérold : Parce que les chambres d'agriculture, les préfectures et les organisations syndicales n'encouragent pas les paysans à le faire, que cette alternative ne profiterait pas à la filière qui produit le poison et que le processus permettant d'atteindre l'équilibre des écosystèmes est jugé trop contraignant par les agriculteurs. En somme, tant qu'un décret n'interdira pas totalement l'utilisation de ces substances chimiques, les empoisonnements se poursuivront sans pour autant que soit réglé le problème à sa base.

LE BONHEUR N'EST PLUS DANS LE PRÉ

L'agriculture a toujours permis de faire évoluer les paysages mais, telle qu'elle est pratiquée aujourd'hui, elle ne cesse de détruire des milieux et des écosystèmes entiers...

François Guérold : En agissant ainsi, on laisse peu de chances de survie aux centaines d'espèces qui exploitent ces milieux et s'en nourrissent. C'est la conséquence de l'arrachage des haies, mais aussi d'autres pratiques agricoles. Par exemple, les fenaisons et les moissons sont de plus en plus précoces, ce qui entraîne la destruction des œufs et des poussins de quantité d'espèces d'oiseaux bien souvent rares et protégées (râles des genêts, busards cendrés, etc.). Les labourages intervenant de plus en plus tôt, à peine les moissons achevées, les sols sont mis à nu, privant une faune nombreuse de la nourriture qui abonde dans les chaumes. D'une façon globale, sur le territoire français, l'évolution de l'agriculture et de l'élevage affecte 110 espèces d'oiseaux ayant un statut précaire. D'autres, pourtant considérées encore récemment comme communes, sont désormais en net déclin. Ainsi, les populations de linottes mélodieuses et de perdrix grises ont reculé de 49 % entre 1989 et 2001. La conversion des milieux prairiaux en terres cultivées ne cesse de s'accélérer. Entre 1982 et 1997, on estime que près de 2,5 millions d'hectares de prairies ont disparu en France, faisant régresser de très nombreuses espèces de plantes, de mammifères, d'oiseaux et d'insectes.

On a tendance à oublier que toute modification d'une population entraîne un déséquilibre dans la chaîne écologique.

François Guérold : On sait maintenant que la rupture d'équilibre écologique résultant de la disparition d'espèces peut avoir des conséquences dramatiques, en particulier pour certaines activités humaines. Les écosystèmes, à travers la diversité des espèces (biodiversité) qu'ils abritent, procurent aux sociétés ce que l'on appelle des « services écologiques ». Ces services sont gratuits. Par exemple, certains insectes assurent la pollinisation de plantes sauvages et cultivées. Une étude récente a d'ailleurs montré que ce « service pollinisation » représentait une valeur annuelle de 480 milliards d'euros au niveau mondial ! Imaginez que nous soyons obligés d'effectuer nous-mêmes le travail de ces insectes...

Quelle est l'importance des prairies, et en général des milieux non labourés ?

François Guérold : Outre qu'elles abritent, comme on vient de le voir, une grande diversité d'espèces végétales et animales, il faut savoir que les prairies ont, comme les forêts, une capacité de stockage des eaux de 2 à 4 fois supérieure à celle des terres labourées. Partant de là, on imagine sans peine que les retombées de la destruction des milieux touchent aussi les hommes, ne serait-ce que par le biais des inondations. D'un côté, on n'a de cesse de convertir les prairies en cultures et de les drainer, d'éliminer les zones humides qui sont pourtant de véritables éponges ; de l'autre, on arase les talus et on comble les fossés qui retiennent les eaux. Dans certaines régions, la suppression des haies a augmenté la fréquence des inondations de 50 %.

En quoi les zones humides sont-elles nécessaires ?

François Guérold : Elles retiennent les eaux pluviales en les stockant dans le sol ou en les piégeant dans les lacs, les étangs, les rivières, les ruisseaux, les marais, et ainsi limitent les crues. Une étude américaine a montré qu'une zone humide de 0,4 hectare était capable de stocker plus de 6 000 m^3 d'eaux de crue. Signalons en passant qu'en perdant 90 % de ses plaines d'inondations naturelles le Rhin a désormais un débit 2 fois plus élevé qu'auparavant.

Toute modification du paysage qui tend à faciliter l'écoulement des eaux est donc néfaste ?

François Guérold : Tout à fait. Aujourd'hui, de nombreux pays, comme la Chine – qui n'est pourtant pas un exemple en matière d'environnement –, se sont lancés dans la restauration de ces zones humides. Au-delà du problème des crues, ils y ont vu aussi un avantage dans le domaine des cultures, sachant qu'en ralentissant le passage de l'eau les zones humides favorisent le dépôt de matières nutritives d'une richesse bien plus grande que les systèmes de l'agriculture industrielle. Elles ont également une fonction d'épuration de l'eau par élimination des produits chimiques et des fortes concentrations d'azote et de phosphore. En Floride, les marécages éliminent environ 98 % de l'azote et 97 % du phosphore contenus dans les eaux usées. À Calcutta, en Inde, les marais jouent un rôle important dans l'élimination des eaux usées de la ville, qui compte 10 millions d'habitants. Ces eaux servent à nourrir plantes, légumes et poissons, et la ville s'en trouve assainie.

François Plassard : Tout se passe comme si notre culture de l'efficacité et du profit immédiat, à vouloir produire des « choses », avait oublié les liens qui relient les choses entre elles !

GÉNIES ET PLUIES ACIDES

Bien entendu, ces espaces abritent aussi, comme les haies, une vie abondante ?

François Guérold : La diversité de la faune et de la flore dans les zones humides est tout à fait spectaculaire. Jugez plutôt : elles contiennent 40 % de la totalité des espèces de la planète, et 12 % des espèces animales. On estime aussi que plus de 20 000 espèces de plantes médicinales proviennent de ces espaces. Et n'oublions pas la culture du riz, qui est tout de même l'aliment de base de 3 milliards de personnes à travers la planète !

Cette obstination à vouloir assécher les zones humides en France n'a-t-elle pas, au fond, une origine culturelle ? Après tout, ces zones ont toujours été considérées comme des lieux malfaisants.

Dominique Bourg : Contrairement, c'est vrai, à la conception qui prévaut dans des pays comme l'Australie ou encore le Tibet, où les croyances prébouddhistes réclamaient que ces zones soient vénérées parce qu'elles abritaient des esprits et des génies bienfaisants. En France, la destruction s'est accrue avec l'hygiénisme de la fin du XVIIIe siècle. Pour autant, cette exploitation traduit aussi l'état d'esprit qui consiste à détruire de façon systématique ce qui apparaît comme inutile à la production humaine.

Alors, que faire pour enrayer ce processus de destruction ?

François Guérold : Les mesures possibles sont multiples : conférer aux zones humides un statut qui prenne en compte leur valeur et les protège ; dresser un état des lieux et évaluer les besoins en conséquence ; corriger les textes de loi qui favorisent leur destruction ; abandonner les primes de drainage, et harmoniser les politiques locales, nationales et internationales dans ce sens ; mettre en place une gestion particulière de ces zones sous la houlette d'autorités et d'organismes impliqués ; évaluer au plus près le coût et l'impact des projets qui visent à bouleverser ces zones ; enfin, évidemment, informer le public et développer des formations.

Aux causes de destruction s'ajoutent aussi des phénomènes de pollution directement liés aux pratiques agricoles conventionnelles...

François Guérold : Tout à fait. Une partie des amendements azotés (engrais artificiels) répandus dans les champs s'évapore et passe dans l'atmosphère pour finir par retomber en pluies acides, parfois à des centaines, voire à des milliers de kilomètres. Depuis une quarantaine d'années, ces pluies détruisent la vie dans les lacs en rendant les eaux acides (en particulier au Canada et dans les pays du nord de l'Europe), ainsi que dans les sols forestiers et les rivières des forêts boréales ou tempérées.

Par quel processus ces pluies appauvrissent-elles la terre ?

François Guérold : En acidifiant le sol, elles éliminent les éléments nutritifs comme le calcium et le magnésium. Sans ces éléments déterminants, la forêt devient fragile, sensible aux maladies et aux infections parasitaires, et finit par dépérir. Les lésions apparaissent généralement sur les conifères, dont les aiguilles jaunissent à la suite de l'augmentation de la transpiration et de la réduction de la photosynthèse. En se nourrissant de la flore atteinte, les animaux voient, eux aussi, leur métabolisme perturbé. Afin d'éviter un dépérissement forestier et une acidification des ruisseaux dans les Vosges, on a tenté récemment de restaurer les sols en épandant par hélicoptère des amendements à base de calcium et de magnésium. Il est encore trop tôt pour connaître les résultats, mais des expériences similaires menées ailleurs en Europe sur des dizaines de milliers d'hectares se sont révélées très prometteuses.

À TERRE MALMENÉE, CLIMAT BOULEVERSÉ

Ces pluies acides sont-elles le résultat de la seule utilisation d'engrais chimiques ?

François Guérold : Non. Les centrales thermiques qui utilisent du charbon, les industries telles que les fonderies de nickel et de cuivre, les transports terrestres et aériens et, d'une façon générale, toutes les activités qui recourent à des combustibles fossiles sont autant de facteurs de pollution qui favorisent les pluies acides. Celles-ci sont composées d'acide sulfurique et d'acide nitrique, formés par l'association dans l'air d'oxyde d'azote et de dioxyde de soufre combinés à des molécules d'eau. Cela dit, les émissions d'azote ont une responsabilité importante dans la formation de dépôts acides. Elles ont en outre d'autres effets pervers : avec le méthane également produit en partie par les activités agricoles, l'azote contribue à l'effet de serre et donc au réchauffement de la planète, un problème qui s'est révélé au public à l'occasion du Sommet de la Terre à Rio, en 1992.

François Plassard : Les émissions d'origine humaine de dioxyde de carbone, de méthane et d'oxyde d'azote constituent les principaux gaz à effet de serre responsables du changement climatique, et, dans ce domaine, l'agriculture industrielle pèse d'un poids très lourd : elle est à l'origine de 25 % du dioxyde de carbone, de 60 % du méthane et de 80 % de l'oxyde d'azote émis dans l'atmosphère.

Qu'appelle-t-on « gaz à effet de serre » ?

François Guérold : Ce sont des gaz susceptibles d'absorber les rayonnements infrarouges émis par la surface du globe. Piégée, cette énergie est conservée, puis contribue à accroître la température et à modifier les climats par le biais des précipitations, des sécheresses, des cyclones. Selon les évaluations de l'INRA, l'agriculture est responsable de 18 % des émissions totales de gaz à effet de serre au niveau français.

Par quel mécanisme ?

François Guérold : L'exploitation de zones humides, par exemple, provoque la libération dans l'air du carbone emmagasiné dans les terres. À cela s'ajoutent les engrais artificiels qui modifient la biomasse des sols, ou encore les lisiers et les bovins qui fabriquent du méthane – une vache produit en effet environ 100 kilos de méthane par an du fait de la fermentation de l'herbe dans son organisme.

Chapitre 4

Le vivant manipulé

L'ANIMAL, MACHINE À PRODUIRE

***Karine Lou Matignon** : La machine s'est emballée, elle broie les hommes, mais le monde animal n'a pas été épargné non plus par l'industrialisation.*

Philippe Desbrosses : À partir du moment où nous sommes dans une logique de profit, l'instrumentalisation du vivant touche aussi les animaux. Plus le nombre d'animaux est élevé, plus la somme versée à l'éleveur sous forme de primes l'est aussi : primes à l'abattage, primes aux bovins mâles, primes au maintien des troupeaux d'allaitantes, etc. À quand une prime à l'élevage de qualité ?!

À quel moment est né l'élevage intensif ?

Philippe Desbrosses : Il a vu le jour en France à la fin de la Seconde Guerre mondiale mais, comme le souligne la sociologue et agronome Estelle Deléage dans son livre *Paysans, de la* *parcelle à la planète*, la première phase d'industrialisation de la chaîne agroalimentaire remonte au XIXe siècle, lorsque « le capitalisme américain a inventé les prémices du taylorisme avec l'abattage à la chaîne des animaux et l'installation à Chicago des premières chaînes de dépeçage en série des bœufs et des porcs »… ce qui supposait de s'intéresser aussi à l'engraissage des animaux en amont ! Appelé également « élevage en batterie », le principe consiste à obtenir au moindre coût le maximum d'animaux en un minimum de temps et d'espace.

Selon Jocelyne Porcher, zootechnicienne, la volonté d'industrialiser l'élevage est déjà revendiquée par les zootechniciens français de la fin du XIXe siècle, à un moment où l'animal apparaît comme une machine à produire.

Dominique Bourg : Il y a d'abord une vision mécaniste de la nature qui naît avec Descartes, mais qui ne se traduira dans les faits à grande échelle qu'au XIXe siècle et prendra toute son ampleur dans l'agriculture à partir des années 1950. À ce moment-là, la pensée religieuse, philosophique autour de la nature disparaît bel et bien au profit d'une volonté de la mettre en coupe réglée, d'un déni total de sa complexité et d'un refus d'admettre que l'homme appartient à ce système. Les animaux n'y échappent pas !

C'est pendant ces fameuses Trente Glorieuses, c'est-à-dire des années 1950 aux années 1970, que prend place le développement des activités et de la taille des élevages ?

Philippe Desbrosses : Tout à fait. Sous l'impulsion de la recherche agronomique et des primes, on assiste à la mise en valeur de races spécialisées au détriment de races traditionnelles et locales jugées peu rentables. Les banques, les industries agroalimentaires et les commissions départementales des structures agricoles (dont l'une des missions est de donner leur avis sur les projets de création ou d'extension d'élevages industriels) incitent à la modernisation et donnent l'avantage à l'agriculture industrielle, aux remembrements, aux élevages géants hors sol. Par exemple, à partir des années 1960, l'élevage des veaux est subventionné ; or les problèmes sanitaires et les endettements apparaissent déjà 10 ans plus tard.

Les lieux où ces animaux naissent et meurent sont de véritables usines à viande qui relèvent réellement du sadisme…

Philippe Desbrosses : Le summum de l'efficacité est atteint avec les ateliers de production de poules pondeuses où d'immenses couveuses de 500 000 à 750 000 œufs – une cinquantaine d'accouvoirs géants contrôlent 80 % de la production en France – déversent chaque jour des dizaines de milliers de poussins sur des tapis roulants où ils sont triés automatiquement. Les coquelets sont directement conduits vers la chaudière où ils sont enfournés vivants, faisant office de combustible pour chauffer l'ensemble de l'installation. Dans d'autres systèmes, ils sont tués au dioxyde de carbone ou jetés vivants dans les broyeurs des équarrissages.

Et pour ceux qui échappent à la mort ?

Philippe Desbrosses : Les poulettes subissent la claustration jusqu'à la fin de leur existence : elles sont enfermées dans une cage de 45 × 50 cm, donc dans l'impossibilité de déployer leurs ailes. L'alternance jour/nuit est créée artificiellement afin qu'elles produisent beaucoup d'œufs, en moyenne 260 à 280 par an, contre 225 pour un animal élevé en plein air. Elles terminent dans un tel état de délabrement physique que, après l'abattage, elles servent au remplissage des raviolis ou à la fabrication de bouillons divers.

LE SOURIRE DE LA TRUIE

À quoi ressemble l'existence d'un poulet élevé en batterie ?

Philippe Desbrosses : Un tel élevage comporte en général entre 20 000 et 150 000 poulets, qui bénéficient chacun d'un espace de 25 cm^2 – l'équivalent d'une feuille de papier format A4 ! Ces animaux passent la totalité de leur existence parqués dans d'immenses hangars sans jamais voir la lumière du jour – ils vivent sous une lumière artificielle allumée pendant 15 à 23 heures d'affilée – ni respirer l'air du dehors. Ils reçoivent une alimentation riche de manière à engraisser rapidement – ils pèsent un peu moins de 2 kilos au bout de 42 jours. Les survivants sont conduits à l'abattoir couverts de plaies, le squelette déformé, souffrant de pathologies cardiaques et d'autres maladies, après avoir atteint en 6 semaines le poids qu'ils mettaient 6 mois à atteindre avant guerre !

Toutes les espèces ont-elles été touchées par la course à la productivité ?

Philippe Desbrosses : Oui : 20 milliards de poulets et 1 milliard de porcs sont produits chaque année dans le monde sous la houlette de groupes alimentaires installés en Europe, en Asie et aux États-Unis. En France, 350 millions de têtes de bétail sont concernées. Prenez le veau, dont 9 individus sur 10 proviennent de l'élevage industriel. Après sa naissance, il est enlevé à sa mère, plongé dans le noir et contraint à l'immobilité, sans paille ni autre nourriture que le lait recommandé par la coopérative agricole, le but étant que sa chair anémiée produise au bout de 6 mois de souffrances une escalope tendre et blanche. Quant aux vaches laitières, on exige d'elles une production permanente – entre 6 000 et 12 000 litres de lait par an, soit 10 fois plus qu'il y a 50 ans – pendant environ 6 ans, âge auquel elles sont abattues. Les poissons d'élevage vivent dans des conditions de concentration similaires et présentent des pathologies identiques. Même chose pour les lapins, qui sont environ 40 millions à partir à l'abattage 3 mois à peine après leur naissance.

J'ai lu récemment les propos d'un ingénieur agronome au service de la filière viande affirmant que « les truies à l'attache, gestantes ou allaitantes, ne manifestent aucun mal-être, ont l'air tout à fait heureuses et même, oserais-je dire par ironie anthropomorphiste, souriantes ».

Philippe Desbrosses : On a demandé aux éleveurs de produire toujours plus. Quarante porcs couvraient un hectare dans les années 1960, ils sont cinq mille aujourd'hui. Quatre-vingt-dix-neuf pour cent des porcs sont élevés dans des conditions intensives, principalement dans l'ouest de la France, en Bretagne et dans les Pays de la Loire. Ils sont entassés dans les relents d'ammoniac de leurs déjections avec pour mission d'atteindre le poids de 110 kilos en 6 mois. Les truies sont sanglées au sol ou maintenues dans des stalles exiguës tout le temps de la gestation et de l'allaitement, avant d'être à nouveau fécondées. Ces animaux, comme les autres espèces, manifestent des troubles du comportement qui se caractérisent par des déviations, des tremblements nerveux, des hochements de tête, des plaies de léchage, etc., et s'accompagnent de troubles métaboliques dus au stress. Ce ne serait pas le cas si ces truies vivaient aussi bien que l'affirme cet agronome, bien ignorant du comportement animal ! Toutefois, le conseil des ministres européens de l'Agriculture a décidé en 2001 d'interdire ces stalles à truies gestantes, à partir de 2006 pour les nouvelles installations et à partir de 2012 dans l'ensemble des élevages de l'Union européenne.

La formation agronomique n'enseigne-t-elle pas que les animaux d'élevage sont des êtres vivants dotés de sensibilité ?

Roland Albignac : L'agriculture productiviste est une priorité en France, en particulier dans le domaine de la formation des agriculteurs, des techniciens, des agronomes, des ingénieurs et des vétérinaires. Depuis des générations, on enseigne que l'animal est un outil au sens strict du terme, comme une « machine à produire ». On sait aujourd'hui que l'amélioration des relations de l'éleveur avec son bétail influence le rendement et la qualité de la production. C'est ainsi que des vaches placées dans un contexte « agréable » produisent 10 à 30 % de plus de lait que des groupes moins bien traités, et ceci de manière durable.

SOUFFRANCE ANIMALE DÉNIÉE

Les chercheurs de l'INRA travaillent depuis des années à améliorer les conditions de vie des animaux. On a pourtant le sentiment que rien ne change.

Philippe Desbrosses : Le bien-être animal chez les bêtes en système industrialisé est un thème récurrent depuis près de 20 ans, et l'INRA travaille davantage sur la sélection d'espèces de plus en plus productives que sur la souffrance animale. Nous assistons toujours au massacre anonyme d'animaux, une pratique qui néglige le fait qu'ils sont dotés d'une sensibilité et d'une certaine conscience d'eux-mêmes. Il aura fallu des siècles pour que l'éthologie et les sciences cognitives nous permettent d'accéder à cette réalité, que des esprits retors continuent pourtant d'ignorer. Reste que nos rapports avec les animaux de rente sont différents de ceux qui nous lient aux animaux domestiques ou sauvages : on ne peut pas reconnaître une intelligence, une conscience à un être que l'on mange !

C'est donc au consommateur de prendre ses responsabilités vis-à-vis de sa santé, de son environnement et du bien-être des animaux dont il se nourrit ?

Philippe Desbrosses : Dans leur livre *Les animaux d'élevage ont-ils droit au bien-être ?*, la philosophe Florence Burgat et le vétérinaire et chercheur à l'INRA Robert Dantzer, spécialiste, précisément, du bien-être et des émotions animales, soulignent que « la manière dont les animaux sont élevés ne regarde plus seulement la santé du consommateur ou la gastronomie mais aussi la conscience du citoyen ». J'adhère complètement à ce point de vue.

La religion chrétienne n'a-t-elle pas sa part de responsabilité dans l'« objétisation » de l'animal ?

Dominique Bourg : Cette idée provient de l'analyse qui a été faite par un écologiste américain en 1967. Je pense important d'apporter ici une précision sur un extrait de la Bible : « Soyez féconds, multipliez-vous, emplissez la terre et soumettez-la, dominez… » D'après un document du Conseil pontifical, il semblerait que les verbes hébraïques correspondant à « soumettre » et à « dominer » comportent dans le langage biblique deux images. Le premier sert à décrire la domination d'un roi sage qui se charge de ses sujets et fait son possible pour que rien ne leur manque. Le deuxième renvoie à l'état de guide, pasteur de la terre, et il ne peut être compris comme faisant référence à une puissance arbitraire. L'idée est donc celle d'un guide responsable et attentif à protéger ce qui a été confié à ses soins ! On voit que la mise en cause du christianisme doit être moins simpliste qu'elle ne l'est souvent.

Après 10 000 ans d'élevage, l'industrialisation non seulement a modifié les rapports de l'éleveur à l'animal, autrefois basés sur le compagnonnage, mais, pour reprendre les propos de Jocelyne Porcher, elle a surtout lié l'homme et l'animal dans la souffrance…

Philippe Desbrosses : Il existe en effet une véritable détresse chez la plupart des éleveurs qui sont contraints de mettre en œuvre cette exploitation ahurissante de l'animal. Je prendrais l'exemple d'un élevage de poulets en batterie pour illustrer la situation actuelle. Dans ce cas de figure, l'éleveur qui s'est endetté pour construire ses hangars n'est maître de rien. Il est totalement dépendant de l'industriel, lequel est propriétaire à 80 % de ses bâtiments, souvent même caution de son emprunt. C'est ce dernier qui va fournir les poussins à élever et les aliments à leur donner. C'est lui encore qui viendra récupérer ses poulets à la fin du temps imparti et les vendra en faisant un important bénéfice, à comparer au salaire de l'éleveur, qui dépasse difficilement le SMIC.

Pour s'en sortir et augmenter ses revenus, l'éleveur est donc contraint de s'agrandir, par conséquent de s'endetter et d'accroître la cadence ?

Philippe Desbrosses : Exactement. Et cela vaut pour les poulets, les porcs, les veaux, etc. Une perversion qui nous conduit à produire toujours plus avec, au bout du compte, un nombre d'élevages et d'animaux qui dépasse largement la capacité d'absorption du marché et finit par provoquer des drames humains et des catastrophes sanitaires.

CRISES SANITAIRES

Cette concentration animale participe-t-elle au développement de maladies infectieuses ?

Lylian Le Goff : Les risques infectieux sont, en effet, favorisés par la promiscuité, les conditions d'élevage aberrantes et l'utilisation systématique des antibiotiques. Deux types de phénomènes sont ainsi favorisés, dénoncés par l'OMS (Organisation mondiale de la santé) dans son rapport annuel de 1996 sur l'état de la santé dans le monde. Tout d'abord, les bactéries développent de plus en plus de résistances aux traitements antibiotiques habituels. Fin 1997, 70 experts de la santé humaine et de la santé vétérinaire réunis à Berlin ont démontré que l'utilisation dans la production des animaux d'élevage d'antimicrobiens destinés à traiter les infections humaines a pour conséquence l'apparition d'agents pathogènes résistants – *Salmonella*, *Campylobacter*, *Enterococci* et *E. Coli* – susceptibles d'être transmis à l'homme par la chaîne alimentaire.

Quel est le second phénomène ?

Lylian Le Goff : C'est l'apparition de nouvelles maladies infectieuses, qualifiées d'émergentes aussi bien chez l'homme que chez l'animal. Elles sont provoquées par de nouveaux germes virulents, bactéries et virus, qui résultent de mutations génétiques survenant en réaction aux atteintes portées à l'environnement – notamment l'usage inconsidéré des antibiotiques. De plus, le consommateur ainsi exposé à des ingestions répétées de ces produits, même à l'état de traces, peut développer des allergies à certaines familles d'antibiotiques, ce qui réduit le nombre de traitements possibles.

Quelle est l'utilité de ces antibiotiques dans l'élevage ?

Lylian Le Goff : Ce sont des substances à usage vétérinaire, administrées aux animaux dans un but thérapeutique curatif et préventif, mais aussi en tant qu'additifs alimentaires et activateurs de croissance. L'animal atteint ainsi plus rapidement son poids commercialisable, sans qu'il soit nécessaire de le nourrir plus. Nombre d'éleveurs reconnaissent que leur marge bénéficiaire est due à ces additifs antibiotiques. Dix mille tonnes d'antibiotiques ont été utilisées en 1997 dans l'Union européenne, 52 % par la médecine et 48 % par l'agriculture, dont 15 % au titre d'additifs !

Les risques de mutations de germes concernent-ils essentiellement les élevages intensifs ?

Lylian Le Goff : Il est prouvé scientifiquement, notamment chez le porc, que les conditions d'élevage sont responsables de ces mutations virales. Or, au lieu de les mettre en cause, on les avalise et on fait le choix de solliciter la recherche pour mettre au point de nouveaux vaccins contre les maladies émergentes du porc et du poulet. La Bretagne et toutes les autres régions à forte concentration d'élevages sont de véritables laboratoires réunissant l'ensemble des conditions pour qu'émerge une mutation de virus grippal particulièrement virulente, pour l'animal (grippe aviaire) et pour l'homme : telle a été la conclusion des virologues réunis en septembre 1998 à Biarritz lors des deuxièmes rencontres européennes sur la grippe et sa prévention.

VIRUS FOUDROYANTS ET VACHES CANNIBALES

Comment s'opère cette mutation virale grippale ?

Lylian Le Goff : Le porc est l'hôte qui permet aux virus aviaires et humains de s'hybrider et de gagner en virulence pour ensuite infecter l'homme. Rappelons que la Bretagne héberge

12 millions de porcs, 500 millions de poulets et 10 millions de canards ! Le risque est pris très au sérieux par l'Agence française de sécurité sanitaire des aliments (AFSSA).

Que se passe-t-il en cas de doute ?

Lylian Le Goff : Lorsqu'une mutation virale grippale est repérée chez un poulet, même porteur sain, l'ensemble de l'élevage est tout bonnement sacrifié. Il faut croire que les services de veille sanitaire asiatique et hollandais sont moins vigilants, puisqu'ils n'ont pu éviter la grippe aviaire et ont été contraints d'abattre dans l'urgence des millions d'animaux. Le dernier pays en date frappé par ce fléau né des élevages concentrationnaires est le Canada : l'État de la Colombie-Britannique a dû abattre 19 millions de poulets, dindes, canards, oies et pigeons dans sa région sud pour empêcher la propagation du virus de la grippe aviaire dans le pays.

Virus foudroyants et autres grippes aviaires, mais aussi vache folle, poulets nourris à la dioxine, veau aux hormones... Toutes ces catastrophes sont-elles directement liées à cette exploitation irrationnelle du vivant ?

Lylian Le Goff : Oui, c'est une évidence ! Prenons le cas de la maladie de la vache folle, de son vrai nom encéphalopathie spongiforme bovine (ESB), transmissible à l'homme (nouveau variant de la maladie de Creutzfeld-Jacob) et dont les trois premières victimes ont été reconnues officiellement en Angleterre en 1996. L'ESB est une maladie émergente due à un agent infectieux mal connu baptisé prion. Il s'agit en fait d'une protéine fabriquée normalement par les mammifères, y compris par l'homme, et dont on ignore à peu près tout de la fonction, si ce n'est qu'elle participe à la transmission de l'influx nerveux. Cette protéine se fixe à la surface de nombreux types de cellules, dont les neurones du système nerveux central. Lorsqu'elle devient virulente, en modifiant seulement sa forme, elle détruit le cerveau. On ne connaît rien des mécanismes qui déclenchent la virulence du prion. En revanche, l'agent pathogène a été identifié dans les farines carnées.

On a opéré ici une transgression en transformant des herbivores en cannibales ?

Lylian Le Goff : Oui, et c'était encore pour réaliser des bénéfices, puisque cela permettait d'écouler et de recycler les résidus d'abattoir et les dépouilles d'animaux non commercialisables. Alors que les farines étaient interdites en 1988 en Angleterre, que les abats étaient proscrits dans la nourriture pour bébés en 1989, la Grande-Bretagne n'a pas hésité à les exporter jusqu'en

1991, notamment vers la France, qui a doublé ses importations de viande bovine britannique entre 1985 et 1995 (de 67 à 131 milliers de tonnes).

Y a-t-il eu contamination de l'homme par consommation des viandes atteintes ?

Lylian Le Goff : L'acmé dans la crise sanitaire due au prion pathogène se situe entre 1985 et 2000. Les nombres de cas d'ESB et de nouvelle variante de la maladie de Creutzfeld-Jacob chez l'homme sont respectivement de 180 000 et 84 au Royaume-Uni, et de 180 et 3 en France. Depuis, on peut parler de *statu quo*, mais l'incertitude demeure en raison de la longue incubation de la maladie chez l'homme.

Philippe Desbrosses : La crise de la vache folle a conduit les gouvernements européens à faire abattre près de 2 millions de bovins en 2001 pour un coût qui s'élève à 1,8 milliard d'euros (12 milliards de francs). Un nouveau plan d'aide à la filière bovine et des indemnisations aux propriétaires de troupeaux abattus – de l'ordre de 1 500 à 2 286 euros (10 000 à 15 000 francs) par bovin – ont été mis en place, mais rien n'a changé dans les modes de production. Sur le même modèle, une aide de près d'un milliard de dollars vient d'être annoncée par le gouvernement canadien pour ses éleveurs de bétail sinistrés à la suite de la découverte d'un second cas de vache folle en décembre 2003.

Que faudrait-il faire pour éviter ces catastrophes ?

Lylian Le Goff : Pour parvenir à sortir de ce système, il faudrait que les consommateurs privilégient la viande d'animaux élevés dans de meilleures conditions et fassent pression sur les pouvoirs publics afin qu'ils interdisent progressivement les élevages concentrationnaires, les systèmes en batterie, l'usage des antibiotiques comme accélérateurs de croissance, et rendent obligatoires les étiquetages qui permettent aux acheteurs de savoir dans quelles conditions les animaux ont été élevés.

ANIMAUX TRANSGÉNIQUES ET BIODIVERSITÉ

À cette exploitation animale totalement tournée vers la surproduction s'ajoutent des recherches visant à améliorer encore les rendements par la pratique des manipulations génétiques...

Philippe Desbrosses : Tout à fait. La sélection génétique est pratiquée par les éleveurs depuis le Néolithique pour améliorer la qualité de la laine, la production du lait, etc. Mais elle a franchi un pas incontestable à partir de la fin du XVIIe siècle. Aujourd'hui, ce sont les chercheurs qui interviennent directement dans les programmes génétiques des espèces. Ils ont trouvé le moyen de manipuler le vivant en modifiant les codes génétiques. L'hérédité est ainsi devenue, sous la main de l'homme, un facteur d'amélioration des races et des performances. Les biotechnologies proposent des visions idylliques de l'agriculture de demain, à peu près semblables à celles que nous présentaient les biologistes des années 1930, avec le mythe de la perfection de la race pure... et l'on sait comment tout cela s'est terminé !

Quelles sont les améliorations envisagées actuellement ?

Philippe Desbrosses : Les programmes de recherche actuels visent à créer des animaux capables de résister aux maladies développées habituellement dans les élevages, de se reproduire plus vite, de consommer moins, etc. Les premières manipulations génétiques d'embryons animaux ont été réalisées dans les années 1960. On a alors créé une poule vedette dont la principale particularité était de consommer moins tout en pondant autant. À la fin des années 1980, les recherches génétiques en Australie ont permis de créer des porcs au développement accéléré, là encore en réponse à des considérations économiques. Mais on a vu aussi des poulets sans plumes, des vaches donnant des matières grasses sans cholestérol, des chèvres produisant des fils de soie dans leur lait, ou encore, au Canada, des saumons stériles géants, que consomment d'ailleurs déjà plus de 200 millions d'Américains !

D'un côté on travaille à créer de nouvelles espèces sur mesure, et de l'autre on provoque la disparition de milliers d'espèces animales domestiques rustiques en uniformisant les races. N'y a-t-il pas là un paradoxe ?

Philippe Desbrosses : C'est vrai. Cet appauvrissement génétique menace gravement l'agriculture mondiale, et finalement l'humanité entière, car l'essentiel de la production repose aujourd'hui sur un nombre très restreint de races – la vache Holstein pour le lait et le bœuf charolais pour la viande. Or la diversité génétique est indispensable pour la survie de toutes les espèces, y compris la nôtre. En Europe, la moitié des races animales qui existaient au début du siècle se sont éteintes parce qu'elles ont été jugées peu rentables dans la production de viande, de lait, de laine. Chaque semaine, une race rustique disparaît dans le monde, mais qui s'en émeut ? En Inde, 50 % des races de chèvres et 20 % des races bovines sont menacées de disparition.

L'ensemble de l'économie porcine mondiale ne repose que sur 4 races, et 200 races françaises sont sur le point de disparaître. L'avenir de l'élevage pourrait un jour dépendre de ces patrimoines génétiques devenus rares, dont on a tendance à oublier que la rusticité les protège justement des très nombreuses épidémies déjà évoquées.

De la même manière, les plantes anciennes sont remplacées par des espèces nouvelles mieux adaptées aux techniques de pointe de l'agriculture moderne...

Philippe Desbrosses : Le problème est tout aussi dramatique. En Inde, il ne subsiste plus que 10 variétés de riz là où on en cultivait plus de 30 000 il y a 150 ans ! Je le répète et j'insiste : cet appauvrissement menace à terme l'humanité, car la stabilité d'un écosystème repose sur le foisonnement des variétés qui le composent et sur la complexité des échanges. La nature n'a jamais fait et ne fera jamais de monoculture. Il y avait autrefois près de 10 000 espèces de blé dans le monde ; actuellement, on utilise seulement trois souches, deux dont sont issues nos variétés de blé tendre et une d'où proviennent nos variétés de blé dur. En Europe, 80 % des terres agricoles ne donnent que 4 types de cultures. La diversité des variétés de blé en Grèce a diminué de 95 %, tandis qu'aux Pays-Bas une seule variété de pomme de terre couvre 80 % de la production.

NATURE COMPLEXE

Il n'existe donc aucune volonté pour développer des espèces locales ?

Roland Albignac : Non. Recherchant en permanence le haut rendement, l'agronome formé au modèle ambiant ne tentera pas d'améliorer des espèces locales adaptées sur le plan écologique. À Madagascar, par exemple, la culture du riz pourrait être améliorée et ses rendements multipliés par 3 si l'on modifiait les techniques agricoles, c'est-à-dire la manière de cultiver, de semer, de repiquer. Mais le ministère de l'Agriculture préfère proposer des espèces à haut rendement et les pesticides qui vont avec, conduisant les paysans à s'endetter. Car ces derniers, lorsqu'ils rentrent dans le système, ne peuvent plus revenir en arrière.

Cette fameuse biodiversité est donc nécessaire à notre survie ?

Philippe Desbrosses : On a trop tendance à croire que la mort des espèces végétales et animales sauvages et domestiques ne nous concerne pas. C'est une erreur de penser que nous ne sommes pas liés à elles, d'une façon directe ou indirecte. Chaque disparition enclenche automatiquement une réaction en chaîne et menace les écosystèmes vitaux dont nous dépendons.

Lylian Le Goff : On peut même dire que la destruction de la biodiversité par l'homme est un comportement suicidaire. Pour exemple, un nombre important de plantes injustement cataloguées comme « mauvaises herbes » sur les exploitations agricoles, et donc systématiquement détruites, constituent en fait des ressources irremplaçables, c'est-à-dire des réservoirs de gènes pour le croisement et l'amélioration des espèces cultivées, voire pour la pharmacopée. De plus en plus de voix s'élèvent pour dénoncer la disparition accélérée de ces plantes sauvages, qui concerne quelque 2 000 espèces par an.

Il n'y a donc pas de bonnes ou de mauvaises herbes, d'espèces nuisibles ou utiles, mais une nature complexe avec laquelle l'homme doit collaborer ?

Philippe Desbrosses : Exactement. Ceux qui sont passés à côté de cette évidence ont payé très cher leur arrogance. Un exemple historique : quand les Conquistadores ont débarqué sur le continent américain, les Indiens entretenaient de multiples espèces de plantes sauvages. Ils faisaient pousser simultanément au même endroit du maïs, des courges (ou des potirons) et des haricots ; ces derniers grimpaient le long des tiges, tandis que les courges et les potirons rampaient avec leurs longues lianes sous l'ombre bienfaisante de leurs protecteurs. Le haricot est une légumineuse qui synthétise l'azote de l'air, produisant son propre engrais. Il fournissait donc un fertilisant indispensable à la croissance du maïs, qui à son tour lui servait de support. Mais les Espagnols ne voyaient pas les choses du même œil. Ils ont substitué à ce bon sens leurs méthodes de culture tournées vers l'efficacité et le rendement à court terme. Les monocultures ont alors remplacé les systèmes complexes des Indiens, avec les conséquences que nous connaissons nous-mêmes aujourd'hui.

MANIPULER LA VIE

Pour en revenir aux organismes génétiquement modifiés (OGM), quelle est l'origine de cette nouvelle technologie en agriculture ?

Lylian Le Goff : Elle a commencé à faire parler d'elle publiquement dans les années 1990, bien que les travaux aient débuté dans les années 1970. Les premiers OGM végétaux devaient permettre de vaincre, au moindre coût et en polluant moins, les résistances que l'environnement oppose régulièrement aux pesticides. À ce titre, les OGM ne constituent pas une affaire à part, mais un avatar de plus de la fuite en avant productiviste. Ainsi, la quasi-totalité des plantes génétiquement modifiées sont des plantes à pesticides : elles ont la particularité de sécréter elles-mêmes un insecticide et/ou de tolérer des herbicides totaux – c'est-à-dire qu'elles peuvent les concentrer sans en mourir. D'autres manipulations pourraient rendre les plantes plus résistantes face à certains climats, types de sols et maladies. Selon leurs promoteurs, elles permettraient de voir diminuer la pollution liée à l'utilisation des pesticides et seraient surtout la solution idéale pour venir à bout de la famine dans le monde – même si, dès 1995, les États-Unis ont essuyé un fiasco commercial en lançant des produits comme la tomate *long life*, résistante au pourrissement mais totalement dépouvue de goût ! Pour l'heure, les principaux OGM sont le maïs et le soja qui servent de fourrage pour le bétail, et les résultats sont d'ailleurs loin d'être aussi fantastiques que prévu sur le plan de la production !

Pour quelle raison ?

Lylian Le Goff : Selon le rapport d'une organisation indépendante, la Soil Association, les variétés de soja dites « Roundup Ready » (tolérantes à l'herbicide total Roundup) ont des rendements inférieurs de 6 % à ceux des variétés conventionnelles. L'agriculteur n'y trouve pas son compte, d'autant que les semences transgéniques brevetées sont d'environ 25 à 40 % plus chères que les autres.

François Plassard : Au vu des très maigres résultats concrets après 6 ans de culture intensive sur plus de 50 millions d'hectares en Amérique, et compte tenu de l'augmentation de 40 % de la consommation d'herbicides et de pesticides, tout laisse à penser que les OGM font partie d'une stratégie commerciale bien orchestrée par les firmes de la chimie et de la pharmacie désireuses de conquérir l'immense marché des semences de fermes.

Concrètement, comment procède-t-on pour modifier ces plantes ?

Lylian Le Goff : En franchissant délibérément la barrière des espèces. On repère dans un organisme un gène *intéressant*. Prélevé, il est ensuite intégré dans la plante, ce qui lui confère une propriété nouvelle. Ainsi, il est tout à fait possible de greffer le gène d'un animal, d'un insecte ou d'une bactérie sur une plante, et vice versa – c'est le principe de la transgénèse. On a récemment greffé le gène d'un poisson sur une espèce de fraise pour éviter qu'elle ne soit victime du gel !

La nature a mis des milliards d'années à produire des espèces adaptées à leur environnement. Pouvons-nous vraiment la corriger sans risquer d'avoir des problèmes en retour ?

Lylian Le Goff : L'incertitude majeure et fondamentale est d'ordre scientifique. En manipulant le génome des êtres vivants, on ne peut prétendre maîtriser toutes les conséquences, pour la simple raison que l'on ignore encore beaucoup des mécanismes de régulation du vivant. L'expression d'un gène n'est pas seulement fonction de lui ; elle dépend aussi d'interactions avec d'autres gènes, et celles-ci sont modifiées par l'introduction d'un ou plusieurs transgènes (gènes étrangers à l'espèce considérée). Certaines de ces modifications sont recherchées par l'inventeur de l'OGM, mais d'autres peuvent n'apparaître que dans un second temps, avec des propriétés totalement inconnues, pour l'environnement comme pour le consommateur.

Qu'en est-il vraiment des risques encourus par l'homme et la nature ?

Lylian Le Goff : Le risque majeur pour l'environnement est d'aggraver l'altération de la biodiversité. Lorsqu'un organisme possède ou acquiert un avantage compétitif par rapport à ses congénères, il le diffuse dans l'environnement, parfois de façon envahissante, avec le risque d'entraîner une cascade d'événements imprévisibles. La contamination s'opère *via* les pollens transportés par le vent ou les insectes, qui emportent avec eux les gènes de la plante modifiée. Ce mécanisme de contamination a été observé chez les crucifères sauvages (ravenelle, chou, moutarde des champs, roquette bâtarde), contaminées par le colza transgénique. Or 20 % des espèces cultivées ont des parents sauvages. Les conséquences économiques de ces pollutions transgéniques pour les cultivateurs sont considérables, en particulier pour les agriculteurs biologiques. Nombre d'entre eux ont lancé des procédures pour tenter d'obtenir une indemnisation au Canada et aux États-Unis.

LE VIVANT EN RÉSISTANCE

Ne peut-on pas aussi envisager le risque de voir les prédateurs s'adapter aux toxines transgéniques sécrétées par certains OGM ?

Lylian Le Goff : Si, parfaitement, surtout lorsqu'on est en présence de plantes qui portent en elles leurs insecticides et les sécrètent en permanence. Déjà, des chenilles pyrales mutantes résistantes à la toxine Bt sécrétée par le maïs transgénique sont apparues aux États-Unis. Contrairement à l'un des principaux arguments avancés par les promoteurs des OGM, la pollution par les pesticides est aggravée – c'est un fait avéré aux États-Unis et au Canada – par ce phénomène de résistance acquise et aussi parce que les plantes OGM tolérantes aux herbicides totaux sont justement programmées pour être cultivées avec ces pesticides, ce qui a largement bénéficié aux firmes agrochimiques !

Et qu'en est-il des risques pour la santé humaine ?

Lylian Le Goff : Nous ne sommes pas à l'abri d'effets toxiques imprévus sur la santé, tout d'abord du fait de gènes codant des résistances à des antibiotiques utilisés couramment en médecine humaine, comme l'amoxicilline, mais aussi en raison de la possible apparition de nouveaux germes à partir de recombinaisons virales facilitées par les OGM, ou de la création d'aliments allergisants. C'est le risque le plus probable, celui qui a déjà donné quelques soucis aux firmes biotechnologiques, les obligeant à retirer du marché une variété de maïs.

Où en est la sécurité alimentaire par rapport à ce problème ?

Lylian Le Goff : La sécurité sanitaire alimentaire est d'ores et déjà mise en cause par l'importation de graines fourragères transgéniques (en l'occurrence du soja) consommées en quantité par les élevages. On l'a vu, ces plantes manipulées sécrètent elles-mêmes un insecticide et/ou tolèrent un herbicide total. Dans ce dernier cas, elles concentrent l'herbicide et accumulent ses produits de dégradation, dont certains sont stables et toxiques.

Ce qui veut dire qu'il est dangereux pour l'homme de consommer des animaux d'élevage ayant été nourris avec du soja modifié génétiquement ?

Lylian Le Goff : Le soja est souvent rendu tolérant à un produit chimique appelé « glyphosate », dont les potentialités toxiques chroniques à la fois cancérigènes et hypofertilisantes font l'objet de publications scientifiques. Qu'en est-il du devenir de cet herbicide et de ses produits de dégradation dans la viande, le lait et les œufs ? Actuellement, on ne dispose pas d'informations ; pourtant, des prélèvements ont été pratiqués sur des vaches nourries aux OGM mais, faute de crédits, aucune étude n'a pu être encore effectuée ! Au cours d'expérimentations menées sur des rats ayant ingéré ce type d'aliments (pommes de terre transgéniques sécrétant une lectine toxique pour les doryphores), on a constaté des proliférations cellulaires au niveau des intestins en réaction directe à l'OGM. En revanche, la consommation de pommes de terre normales par une population témoin n'a pas produit d'effets indésirables.

Tout n'est pourtant pas aussi négatif. Les manipulations génétiques à visée médicale réalisées en laboratoire ne font-elles pas naître des espoirs quant à la lutte contre certaines maladies ?

Lylian Le Goff : Effectivement, mais ces espoirs ne doivent pas faciliter l'amalgame avec le second type de manipulations, à vocation agricole, et permettre ainsi de les justifier. Car ces manipulations, implantées en plein champ, ne sont pas maîtrisables : la propagation des pollens est irréversible et de type exponentiel.

PRIORITÉ AUX RETOURS SUR INVESTISSEMENT

Les innovations issues des biotechnologies font finalement l'objet d'une exploitation commerciale trop rapide ?

Lylian Le Goff : Là réside tout le problème. Les pouvoirs publics n'ont pas imposé d'étudier en profondeur l'impact des OGM sur l'environnement et la santé. Les champs sont utilisés telles des paillasses de laboratoire. Des cultures expérimentales sont menées aujourd'hui qui exposent notre environnement et les espèces traditionnelles aux pollens transgéniques. À noter que plus de 95 % de ces cultures, en France, ont pour objet d'évaluer l'intérêt agronomique des OGM et de les croiser avec des variétés commerciales, pas du tout d'étudier leurs retombées sur l'environnement ou la santé !

Qu'en est-il de la traçabilité et de l'étiquetage de ces produits ?

Lylian Le Goff : Un moratoire existe depuis juin 1999 portant sur les cultures et les importations. Le 2 juillet 2003, le Parlement européen a voté une loi pour améliorer la traçabilité et l'étiquetage des produits contenant des OGM. Le problème, c'est qu'aucune disposition spécifique ne concerne les produits très courants tels que la viande, le lait, le beurre, les fromages, les œufs, etc. Le consommateur ne peut savoir s'ils proviennent d'animaux nourris avec des OGM. Par conséquent, ce serait tromper le public que de lever le moratoire au motif qu'il dispose désormais de l'information nécessaire pour effectuer un libre choix.

Cette appropriation du vivant va finalement de pair avec le monopole absolu des filières alimen-

taires, des semences jusqu'à la commercialisation des récoltes ?

Lylian Le Goff : Les OGM à vocation agricole ne répondent à aucune demande des consommateurs, des agriculteurs ni des pouvoirs publics. Le seul intérêt de la pression exercée par les firmes biotechnologiques pour faire accepter ces chimères est bel et bien le retour sur investissement (12 milliards de dollars de subventions aux États-Unis depuis 1999). Ces firmes renforcent encore leur monopole en obtenant le droit de breveter semences et plantes transgéniques comme des objets, alors que le génome des espèces devrait être considéré comme un patrimoine inaliénable. On voit bien que le débat ouvert depuis les années 1970 est avant tout éthique. Or aucun parlement ne s'en est encore préoccupé !

Philippe Desbrosses : Dans les années 1980, aux États-Unis, 3 organismes détenaient 80 % des brevets sur les haricots, 4 possédaient 62 % des brevets sur les laitues et 2 étaient propriétaires de 100 % des brevets sur les choux-fleurs. Selon un rapport publié récemment par une coordination d'ONG européennes, la société Syngenta détient désormais plus de 40 % de l'ensemble des brevets déposés sur les biotechnologies contrôlant la croissance et la reproduction des plantes.

Grâce à ces brevets, les firmes – qui, par parenthèse, fabriquent aussi engrais et pesticides – disposent d'un monopole sur les semences. Elles interdisent à l'agriculteur, sous peine de poursuites, d'en mettre de côté pour l'année suivante, l'obligeant à les racheter chaque année. Du coup, paysans, producteurs, marchés et même pays en voie de développement se retrouveront bientôt captifs, contraints de choisir les filières OGM.

Certains pays en voie de développement voient pourtant dans les OGM un remède possible à la famine. C'est le cas de l'Inde, pays comptant plus de 1 milliard d'habitants, dont beaucoup souffrent de malnutrition.

Philippe Desbrosses : Six cent cinquante millions de paysans indiens doivent faire face, en effet, au ravage de leurs cultures par les insectes. Parallèlement, la population ne cesse d'augmenter et les carences nutritionnelles restent un problème chez près de 47 % des enfants de moins de 5 ans. Il est vrai que le gouvernement a envisagé les cultures transgéniques comme un moyen d'améliorer le rendement des moissons, bien que le résultat soit très décevant. La culture du coton développé par la firme Monsanto a été autorisée, et déjà les premières études montrent que son introduction a considérablement augmenté la résistance des insectes parasites. Devenus mutants à leur tour, les insectes dévorent les autres cultures !

Reste que l'idée selon laquelle les semences OGM seraient un moyen radical de nourrir la population mondiale est devenue un leitmotiv...

Lylian Le Goff : C'est se moquer du monde que de prétendre cela. D'abord, les semences OGM sont beaucoup trop onéreuses pour les populations qui possèdent des moyens de production rudimentaires – à travers le monde, sur 1,3 milliard de paysans, seuls 30 millions sont motorisés –, avec un faible rendement (de 5 à 10 quintaux par hectare environ). Il suffirait pourtant que se mette en place une véritable coopération pour voir ce rendement doubler et ces gens retrouver l'autonomie et l'autosuffisance alimentaire. Mais ces véritables solutions ne conviennent pas du tout aux firmes d'OGM brevetés, dont le but est d'abord de renforcer leur monopole sur les filières alimentaires.

TROISIÈME PARTIE

LA SANTÉ EN OTAGE

Chapitre 5

Atteinte à la santé humaine

***Karine Lou Matignon** : De tous les facteurs de risque présents dans notre environnement, inhérents à l'agriculture productiviste, quel est celui qui vous paraît le plus préoccupant ?*

Lylian Le Goff : Je pense que c'est la pollution par les produits phytosanitaires, qui affecte aujourd'hui les sols, l'air, les eaux de surface, les nappes phréatiques, les mers et les chaînes alimentaires. En outre, le rendement instauré dès les années 1950 a fragilisé les espèces végétales, lesquelles sont devenues dépendantes de ces produits.

Qu'appelez-vous « produits phytosanitaires » ?

Lylian Le Goff : Ce sont les pesticides à usage agricole destinés à lutter contre les parasites animaux et végétaux dits nuisibles. Ils sont surtout utilisés par l'agriculture, mais aussi par les services communaux pour l'entretien des rues et des espaces verts, par de grandes sociétés telles que la

SNCF pour l'entretien des voies, par le jardinier du dimanche, sans oublier leur usage domestique (insecticides ménagers, produits antiparasitaires, traitement des boiseries...). Notons que le terme « phytosanitaire », en agriculture, a été créé par les firmes qui fabriquent ces produits et les vendent pour rassurer le public ; il serait certainement plus juste de parler de produits « agrotoxiques » !

Quel est le principe de ces produits ?

Lylian Le Goff : Ils sont par nature biocides, c'est-à-dire conçus pour détruire les organismes vivants. L'insecticide tue l'insecte, l'herbicide le végétal, le fongicide le champignon, le nématocide le ver de terre, etc. Les pesticides atteignent leurs cibles directement ou en contaminant ce dont elles se nourrissent. Nombre de ces produits chimiques perturbent le système hormonal (les hormones circulant dans le sang stabilisent les grands équilibres de l'organisme) et sont toxiques pour le système nerveux (cerveau et nerfs). Les pesticides sont composés de grandes familles couvrant, en France, environ 600 substances actives contenues dans près de 9 000 spécialités. De par le monde, il s'agit d'environ 1 500 principes actifs vendus sous 30 000 appellations différentes. Le marché mondial des pesticides est évalué à près de 28 milliards de dollars en 2000.

Philippe Desbrosses : Les herbicides parachèvent la stérilisation du patrimoine sauvage en nous privant des bienfaits de ces herbes abusivement qualifiées de « mauvaises ». En effet, elles plongent leurs racines profondes dans le sous-sol pour le fouiller à la recherche d'éléments nutritifs qu'elles ramènent en surface. Le même principe prévaut pour les insecticides, qui font disparaître ces auxiliaires si précieux dans la reproduction des espèces végétales. En mourant, les insectes entraînent avec eux les oiseaux qui leur sont attachés.

Quels sont les effets des pesticides sur cette couche si fragile qu'est la terre arable ?

Lylian Le Goff : Les pesticides tuent les micro-organismes que le sol abrite. L'altération et la destruction de cette microfaune et de cette microflore perturbent l'assimilation des nutriments par les plantes, qui sont ainsi fragilisées. Plus grave, le phénomène atteint les vers de terre, qui sont essentiels au renouvellement et à l'aération de l'humus. Pour pallier cette altération des sols, l'agriculture moderne utilise alors des engrais chimiques !

François Plassard : Pour la petite histoire, il faut savoir que la destruction de 1 à 3 tonnes de vers de terre par les pesticides provoque une décomposition artificielle de matière organique qui accroît spectaculairement les rendements pendant 3 ans ! Un bon truc d'illusion commerciale !

DÉCLARATION DE GUERRE À LA NATURE

Quelle est l'origine de ces produits ?

Philippe Desbrosses : Une première vague de produits phytosanitaires arrive après la guerre de 14-18. Ce sont des substances issues des gaz de combat, les organophosphorés – des produits dérivés du phosphore –, qui vont servir d'insecticides. Ils débarquent avec l'arrivée, en provenance d'Amérique, du doryphore, qui envahit les champs de pommes de terre. Puis vient le DDT (famille des organochlorés), dans les années 1930, conçu pour détruire les moustiques qui envahissent alors les sites sur lesquels sont basés les groupes armés pendant la Seconde Guerre mondiale. L'agent orange de Monsanto, utilisé comme défoliant au Vietnam, a également été recyclé dans l'agriculture comme herbicide.

La nature est-elle devenue l'ennemie ?

Lylian Le Goff : On peut se poser la question... Selon les publications, la France oscille entre le deuxième et le troisième rang dans le classement des plus gros utilisateurs de pesticides au monde, derrière les États-Unis et le Japon, avec plus de 100 000 tonnes par an pour un chiffre d'affaires de 2 milliards d'euros. Cinq cent mille tonnes de matières actives sont commercialisées chaque année dans le monde. En 15 ans, la quantité de pesticides utilisée a triplé.

LES INSECTES ENTRENT EN RÉSISTANCE

Comment s'explique cet accroissement ?

Lylian Le Goff : À la fois par le rendement, on l'a dit, qui s'obtient au prix d'une fragilisation des espèces, et par la résistance acquise de certains nuisibles visés. Lorsque vous cherchez à tuer une espèce, il y a de nombreuses victimes mais aussi des survivants. Ceux-ci développent des résistances aux pesticides par mutation génétique et les transmettent à leur descendance.

Ces espèces résistantes se sont-elles répandues ?

Philippe Desbrosses : Nombreux sont les virus ou insectes qui sont devenus plus forts par mutation en l'espace de quelques décennies face à des espèces végétales dénaturées et incapables d'inventer leurs propres barrières de défense. En 1938, il y avait 7 insectes parasites résistant aux insecticides ; en 1954, 23 ; en 1982, 432. Neuf cents espèces de mauvaises herbes et de ravageurs affichent aujourd'hui une résistance qui provoque la destruction de 35 à 40 % des récoltes. Prenons un exemple : la mouche blanche de la patate douce, sorte de puceron originaire du Moyen-Orient. Dans les années 1920, cet insecte s'est répandu dans le monde entier. Confronté aux pesticides dans les années 1980, il a développé une résistance. Désormais, il s'attaque à près de 600 espèces de plantes, transmet une soixantaine de virus et, bien entendu, résiste à la quasi-totalité des insecticides.

LE RÈGNE DES MUTANTS

Ces produits tuent donc les prédateurs naturels des espèces indésirées qui, de fait, réapparaissent en plus grand nombre ?

Philippe Desbrosses : Exactement. Lorsqu'on empoisonne une mésange par des pesticides, on se prive d'un petit animal qui mange pas moins de 6 millions d'insectes par saison ! Quand on a tenté de lutter contre la pyrale du maïs – un papillon dont la chenille est friande de certaines plantes –, on a utilisé les pyréthrines de synthèse ; or celles-ci ont détruit les coccinelles qui se nourrissaient de pucerons, lesquels envahissent aujourd'hui les récoltes. En Indonésie, dans les années 1980, les ennemis naturels de la sauterelle du riz brun ont été décimés. Résultat : cet insecte a dévoré la valeur de près de 1,5 milliard de dollars de riz en 2 ans. Depuis, le gouvernement a décidé de supprimer les subventions accordées aux agriculteurs pour l'usage d'insecticides, de manière à les inciter à avoir recours à d'autres méthodes.

C'est un cercle vicieux : les résistances des insectes entraînent évidemment un renforcement de l'utilisation de pesticides ?

Lylian Le Goff : Oui, et il s'agit là d'une véritable escalade chimique. Ce qui explique pourquoi les arbres fruitiers sont parfois traités jusqu'à 40 fois en l'espace d'une saison ! L'agriculteur augmente les doses ou combine les produits, pour le plus grand bonheur des industriels qui les fabriquent et se partagent à la fois le marché mondial des pesticides et celui des semences (Monsanto, Novartis, Aventis, Syngenta, AstraZeneca, DuPont...). Si les pays émergents se développent en adoptant ce modèle agricole productiviste, le marché des pesticides a encore de beaux jours devant lui !

Concrètement, quel est l'impact de ces produits sur l'environnement ?

Philippe Desbrosses : Il est urgent de tirer la sonnette d'alarme. Quatre-vingt-dix pour cent de la surface agricole du monde industriel est chargée en pesticides. Ces substances sont hydrosolubles, c'est-à-dire qu'elles sont solubilisées et transportées par l'eau, raison pour laquelle on les retrouve en divagation dans les ruisseaux, les rivières, la mer, et dans nos aliments. Elles ont un effet de concentration redoutable dans la chaîne alimentaire. Avec une dose infinitésimale, on aboutit à une dynamique impressionnante. Prenons l'exemple d'une plante traitée contenant au départ 1 ppm (partie par million) de produit. L'insecte qui la mange concentre dans son organisme 10 ppm ; l'oiseau qui avale l'insecte 200 ppm ; le rapace qui se nourrit de l'oiseau 4 000 ppm ; son œuf 30 000 ppm. À ce stade, l'œuf est stérile. Ces produits contaminent donc l'ensemble de la planète. On en retrouve jusqu'au pôle Nord, dans la graisse des poissons, des ours et des phoques !

DES OURS POLAIRES INTOXIQUÉS

Comment peut-on retrouver des pesticides à des milliers de kilomètres des zones agricoles et industrielles ?

Lylian Le Goff : Les pesticides ne disparaissent pas de l'environnement. Ils se dégradent en étant captés par les organismes vivants. L'ensemble de la chaîne alimentaire est ainsi contaminée, on vient de le voir, par le phénomène de « bioaccumulation ». Or les molécules issues de la dégradation sont parfois aussi toxiques que la molécule de départ. Les pesticides contaminent l'eau et l'air ; ils retombent alors avec la pluie – d'où leur présence au pôle Nord. D'après des études européennes, les concentrations de pesticides dans l'eau de pluie et les brouillards peuvent être de 10 à 140 fois plus importantes que la limite définie pour l'eau potable. Le principe actif des pesticides se fixe principalement dans les tissus gras des organes. C'est ce qui explique l'action neurotoxique d'une partie d'entre eux, les membranes des neurones du système nerveux étant riches en lipides. Certains pesticides ont aussi une action hormonale comparable à celle des œstrogènes, ce qui diminue la fertilité et provoque des malformations urogénitales. Ce sont ces perturbations hormonales qui ont permis aux Américains de mettre au jour l'effet nocif de ces produits sur la faune sauvage.

Dans quelles conditions ont-ils fait cette découverte ?

Lylian Le Goff : Dans les grandes forêts nord-américaines, ils ont constaté que certaines espèces de cervidés avaient des difficultés pour se reproduire, non seulement parce que leur pouvoir fertile avait régressé, mais aussi parce que le pénis des mâles était atrophié. L'enquête a révélé que la source du problème résidait dans les lichens et les mousses qu'ils avaient absorbés. Ces végétaux complexes, formés de l'association d'un champignon et d'une algue, se nourrissant de l'humidité de l'air, avaient tout simplement concentré les pesticides en suspension dans l'air ambiant. La scientifique américaine Theo Colborn a étudié les perturbations de la reproduction chez les animaux sous l'influence de la pollution environnementale à la fin des années 1980. En Floride, dans un lac pollué par un insecticide (l'Idicofol), elle a remarqué que les alligators disparaissaient à un rythme soutenu. Et pour cause : 60 % des mâles avaient un pénis atrophié ! La cause de cette malformation a été directement imputée, à juste titre, à l'insecticide.

Les pesticides s'évaporent donc dans l'air, puis continuent leurs pérégrinations à travers le monde avec les nuages pour finir par retomber avec la pluie ?

Lylian Le Goff : Tout à fait. On estime que, par ce biais, de 25 à 75 % des herbicides sont dispersés au-delà des cultures pour lesquelles ils sont utilisés. Selon une étude de l'Institut franco-allemand de recherche sur l'environnement, un rural absorberait d'ailleurs 2 fois plus de pesticides par voie respiratoire qu'un citadin. Pour l'heure, les conséquences sanitaires de cette ingestion ne sont pas connues, mais on sait que l'assimilation sanguine est directe, sans possibilité de dégradation partielle, contrairement à ce qui se passe lors d'une absorption par voie digestive.

QUAND LES ABEILLES MEURENT

La toxicité des pesticides aboutit-elle, comme c'est le cas pour les engrais chimiques, à une réduction de la diversité des espèces animales et végétales sauvages ?

Lylian Le Goff : Un grand nombre d'espèces, insectes, oiseaux, mammifères, ont effectivement vu leur population diminuer sous l'influence de ces produits. Par exemple, l'alouette des champs, qui se nourrit d'insectes et d'herbes abusivement jugées mauvaises et donc traitées par insecticides et herbicides, a quasiment disparu. Une étude a montré qu'en Angleterre sa population a été réduite de 75 % en 30 ans. Les oiseaux de proie, qui se nourrissent de rongeurs ou d'oiseaux plus petits, eux-mêmes contaminés, ont vu eux aussi leurs chances de survie gravement affectées. Leurs œufs sont stériles, ou leurs jeunes malformés. Pendant longtemps, les abeilles ont eu à payer le prix de l'utilisation du Gaucho et du

Régent : ces deux insecticides ont en effet contribué à provoquer la disparition de quelque 450 000 ruches en France.

Des produits qui sont aujourd'hui interdits ?

Lylian Le Goff : Le Régent TS (commercialisé depuis 1997 et distribué par le groupe chimique allemand BASF) contient une molécule, le « fipronil ». Le Gaucho, commercialisé par la firme Bayer depuis 1992, en contient une autre appelée « imidaclopride ». Le principe de ces deux insecticides consiste à enrober la plante pour la protéger des attaques. Une enquête de la Direction générale de l'alimentation a révélé l'année dernière que ces produits étaient peut-être responsables de la mortalité des abeilles. Le Régent, qui par ailleurs n'a jamais reçu officiellement d'autorisation de mise sur le marché, vient d'être interdit ; quant au Gaucho, son utilisation a été suspendue *jusqu'à la réévaluation de cette substance par la Commission européenne en 2006.* Il aura fallu 10 années de procédures judiciaires menées par des apiculteurs et la disparition de nombreuses entreprises apicoles pour que l'étendue du drame soit enfin prise en compte.

Comment ces produits agissent-ils sur les abeilles ?

Lylian Le Goff : Ce sont des neurotoxiques qui tuent les abeilles lorsqu'elles récoltent le pollen sur les fleurs. Mais ce sont aussi des perturbateurs du système hormonal.

Ce qui se produit chez les alligators, les ours polaires et les abeilles peut-il aussi se produire chez l'homme ?

Lylian Le Goff : Aujourd'hui même, des cancérologues avertissent l'opinion. Tout récemment, le professeur Dominique Belpomme a été à l'origine de l'« Appel de Paris », une déclaration signée par plusieurs prix Nobel et destinée à alerter le public sur les dangers de la pollution chimique. Selon lui, 15 à 25 % des pesticides sont cancérigènes et entrent directement dans les causes de mortalité par cancer. Des atteintes neurodégénératives et certains cancers du cerveau ont été décelés chez les agriculteurs utilisant des pesticides avec une fréquence plus forte que le reste de la population. On sait depuis longtemps que les pesticides chlorés sont répertoriés comme substances cancérigènes pour la moelle osseuse. Depuis 5 ans, le professeur Charles Sultan, de la faculté de médecine de Montpellier, met en évidence chez les enfants d'agriculteurs exposés à ces produits une forte augmentation des malformations congénitales, ainsi que d'autres problèmes graves comme la cryptochirdie (non-descente des testicules), des cancers génitaux en nette augmentation chez les populations jeunes, une féminisation des embryons mâles et une diminution de la fertilité masculine – autant de phénomènes liés à la pollution par des perturbateurs endocriniens, dont font partie les pesticides.

Quand l'homme porte atteinte à son environnement, n'est-ce pas lui-même qu'il agresse ?

Lylian Le Goff : Absolument. Cet aphorisme se vérifie avec l'atteinte de la fertilité. Globalement, le taux de spermatozoïdes chez l'homme a régressé de 50 % en 50 ans, et ce phénomène provient notamment des pesticides. D'autres pathologies ont été signalées, telles que des allergies et des altérations importantes de l'immunité.

Philippe Desbrosses : Plusieurs études ont été réalisées, dont une en Île-de-France, qui révèle que, dans les familles utilisant des pesticides au jardin ou dans la maison, les enfants sont plus fréquemment victimes de lymphomes et de tumeurs au cerveau.

EAUX ET ALIMENTS CONTAMINÉS

Peut-on évaluer l'impact de ces produits sur les nappes phréatiques et les cours d'eau ?

Lylian Le Goff : Globalement, les eaux françaises sont très touchées par les pesticides. La première synthèse nationale portant sur l'ensemble du territoire et évaluant l'ampleur de la pollution des ressources en eau par les produits phytosanitaires a été rendue publique le 21 octobre 1998 à travers le rapport de l'IFEN (Institut français de l'environnement), dénonçant « la contamination générale des eaux par les pesticides ». Ceux-ci sont présents dans la totalité des cours d'eau (à l'exception seulement de 3 % des rivières), la moitié des nappes phréatiques et la quasi-totalité des estuaires et des côtes. Une seconde étude, publiée en 2000, révèle que les pesticides menacent gravement 90 % des eaux de surface et 57 % des nappes souterraines. Quant aux quantités déversées en mer par les grands fleuves, elles sont de l'ordre de 100 kilos par jour.

On a plutôt tendance à évoquer la pollution des eaux par les nitrates dus aux engrais chimiques et aux lisiers.

Lylian Le Goff : De fait, ces nitrates polluent l'eau et les végétaux autant que les pesticides. Ils ne sont pas nocifs par eux-mêmes, mais forment des nitrites toxiques qui, en présence de bactéries, peuvent faciliter la création de composés cancérigènes, les nitrosamines, surtout dangereuses pour l'estomac et l'appareil digestif.

François Guérold : Un porc de 100 kilos élimine 1 m^3 de lisier par an. Sachant que la population porcine s'élève en Bretagne à 6 millions de têtes (contre 500 000 il y a 30 ans), la pollution des eaux est inévitable. Celles-ci sont victimes de ce qu'on appelle l'eutrophisation, une asphyxie des écosystèmes aquatiques : un apport excessif en nutriments à base d'azote, sous forme de nitrate, a pour conséquence que des algues se développent au-delà de la normale et consomment tout l'oxygène présent dans l'eau, entraînant la mort de la faune et de la flore qu'elle abrite.

À partir de quand la qualité de l'eau a-t-elle commencé à se dégrader ?

Philippe Desbrosses : Elle se dégrade depuis 40 ans, essentiellement du fait des pollutions agricoles par les nitrates et les pesticides, mais aussi de l'accumulation des déjections animales de l'élevage industriel. Lorsqu'on sait que l'alimentation en eau potable en France dépend à 60 % des nappes phréatiques, dont le renouvellement est très lent, et que l'eau n'est actuellement plus potable dans 25 % des communes, il y a de quoi frémir !

Il existe pourtant des programmes de dépollution réputés efficaces ?

Lylian Le Goff : En termes de dépense des deniers publiques, certainement ! La lutte contre la pollution de l'eau par les nitrates est très onéreuse. Le plan de maîtrise des pollutions d'origine agricole engagé depuis 1994 est évalué à plus de 2 milliards d'euros (une quinzaine de milliards de francs), dont 760 millions (5 milliards de francs) ont déjà été dépensés, avec plus de 65 % de fonds publics ! Le prix de l'eau facturé aux usagers a augmenté de 27 % ces cinq dernières années.

POLLUER PEUT RAPPORTER GROS

Pourquoi s'obstine-t-on à dépolluer au lieu de réformer le système ?

Philippe Desbrosses : Le gros problème, c'est que le marché de la dépollution rapporte beaucoup d'argent. La gestion des eaux polluées nécessitait 15 milliards d'euros (environ 100 milliards de francs) par an en France en 1995, soit près de 300 euros (2 000 francs) par habitant. Il faut savoir que la spéculation dans ce domaine va bon train, et que les multinationales de l'eau ont des intérêts à la fois dans les sociétés spécialisées dans la distribution des engrais, dans la vente des stations d'épuration, dans la redistribution de l'eau aux communes, dans la vente d'eau minérale, dans le recyclage des déchets, et même dans les pompes funèbres !

Pour en revenir aux pesticides, le fait que certains d'entre eux soient réputés biodégradables est-il un facteur rassurant ?

Lylian Le Goff : Pas du tout. Surtout lorsque leur commercialisation est encouragée par une publicité mensongère, condamnée comme telle aux États-Unis, vantant leur innocuité et leur pseudo-biodégradabilité, comme cela a été le cas pour l'herbicide Roundup. C'est l'herbicide total le plus vendu au monde, puisqu'il rapporte chaque année à la firme agrochimique Monsanto une moyenne de 1,5 milliard de dollars. Son principe d'action consiste à détruire toutes les plantes indésirables. Il est utilisé par les agriculteurs, les collectivités et les particuliers. Là où le bât blesse, c'est qu'il est présenté comme étant sans danger pour l'homme et biodégradable dans l'environnement, alors que toutes les données recueillies depuis 25 ans prouvent le contraire. Sa molécule active, le glyphosate, est responsable au Royaume-Uni d'un grand nombre d'intoxications aiguës, et au Canada de fausses couches et d'accouchements prématurés. Selon une étude effectuée en Bretagne par la DIREN (Direction régionale de l'environnement) et par la CORPEP (Cellule d'orientation régionale pour la protection des eaux contre les pesticides) en 1999 et 2000, les concentrations de cette substance dans les captages d'eau potable représentaient parfois jusqu'à plus de 100 fois la norme de potabilité, et ce plusieurs semaines après utilisation !

Si notre environnement est pollué et si ces produits sont nocifs pour la santé, on peut en déduire que les aliments que nous absorbons le sont également ?

Philippe Desbrosses : On trouve toujours des résidus de pesticides dans nos aliments, avec des teneurs supérieures au maximum autorisé. En 1999, environ 40 % des fruits et légumes consommés en Europe contenaient des pesticides. Aux États-Unis, 60 % des fruits et 29 % des légumes étaient contaminés. Pour l'année 2000, selon une enquête de la DGCCRF (Direction générale de la concurrence, de la consommation et de la répression des fraudes), c'étaient 54,4 % des échantillons français qui présentaient des résidus. Les produits les plus exposés sont les poivrons, les melons, les choux-fleurs, les grains de blé, les fraises et les salades.

Logiquement, si différents aliments pollués entrent dans la composition d'un plat cuisiné, celui-ci concentre alors plusieurs polluants ?

Philippe Desbrosses : J'aime à citer cet exemple édifiant tiré d'une étude réalisée par Charles Bourguignon et cité dans son livre *Le Sol, la terre et les champs*. Cet agronome raconte l'histoire chimique d'une tarte aux cerises de supermarché. Pour la farine, il écrit : « Les grains de blé ont été enrobés d'un fongicide avant semis. Pendant sa culture, le blé a reçu de 2 à 6 traitements de pesticides selon les années, un traitement aux hormones pour raccourcir les tiges afin d'éviter la verse et une dose importante d'engrais : 240 kilos d'azote, 100 kilos de phosphore et 100 kilos de potassium à l'hectare. » Concernant les œufs : « Ils proviennent d'un élevage industriel où les poules sont nourries aux granulés contenant des antioxydants (...), des arômes, des émulsifiants (...), des conservateurs (...), des colorants (...). Elles reçoivent en plus des antibiotiques (...). » Quant aux cerises, elles « ont reçu pendant la saison entre 10 et 40 traitements de pesticides selon les années ».

Chapitre 6

Nourriture et nature intoxiquées

QUAND MANGER DEVIENT DANGEREUX

***Karine Lou Matignon** : Existe-t-il des études rapportant la présence de résidus de pesticides dans l'organisme humain ?*

Philippe Desbrosses : L'Institut national de recherche agronomique avait calculé à la fin des années 1970 que les Français absorbaient en moyenne par an 1,5 kilo de produits chimiques divers – colorants, résidus d'engrais, pesticides, etc. – par le biais de leurs aliments quotidiens. Plus récemment, en 2002, une étude américaine a montré que les urines d'un groupe d'enfants ayant absorbé pendant plusieurs semaines une nourriture conventionnelle contenaient 9 fois plus de pesticides que ceux ayant consommé une nourriture produite sans traitements parasitaires. Enfin, l'étude réalisée en 2003 par la Commission européenne, intitulée *Environnement et consommateur*, a révélé la contamination systématique de tous les sujets contrôlés par au moins

69 substances toxiques utilisées dans l'agriculture et l'alimentation. La commissaire elle-même, alors enceinte, s'est prêtée au test et a permis de montrer une concentration importante de pesticides dans son lait.

Que font les pouvoirs publics face à de tels résultats ?

Lylian Le Goff : Absolument rien. La plupart du temps, d'autres experts, généralement affiliés à l'industrie, contredisent ces résultats en remettant en cause les protocoles utilisés sur des points de détail. C'est ce qui s'est passé, par exemple, dans le cas des travaux du professeur Jean-François Viel. Publiés en janvier 1998, ils avaient démontré un taux de surmortalité par cancer du cerveau de 25 % chez des viticulteurs alsaciens en relation avec les pesticides.

En France, la sécurité sanitaire est-elle ou non suffisante ?

Lylian Le Goff : La France est l'un des pays les plus vigilants en matière de sécurité alimentaire des aliments – les autorités de l'État vous l'affirmeront et elles auront raison. Il faut cependant préciser que cette sécurité ne concerne que les risques d'intoxications aiguës dues à des germes. L'exposition répétée à des cocktails de produits chimiques d'origine agricole, elle, est passée sous silence, et l'évaluation toxicologique de ces produits n'est pas véritablement prise en compte.

Certains prétendent que tous les facteurs de risque inhérents aux OGM, aux engrais ou aux pesticides n'ont finalement pas une grande importance puisque, de toute façon, l'espérance de vie continue de croître...

Lylian Le Goff : L'espérance de vie est liée à la qualité de vie, elle-même résultant de nombreux facteurs, pas seulement alimentaires et sanitaires, dont les effets se manifestent avec un décalage dans le temps de l'ordre de deux à trois générations. Il y a une cinquantaine d'années, l'alimentation ne posait pas de problèmes de qualité ni de pollution, les carences étaient dues à des conditions économiques, les repas n'étaient pas équilibrés par manque de moyens. Aujourd'hui, l'alimentation joue un rôle indéniable dans 80 % des maladies, et en particulier dans 40 % des cancers ! Par ailleurs, nous assistons actuellement à un accroissement des pollutions et à une altération de la qualité des aliments. Faudra-t-il attendre pour réagir que se produise une dégradation de l'espérance de vie, que prédisent déjà quelques épidémiologistes, dont ceux de l'OMS ?

L'ANIMAL ALIBI

Comment s'effectue l'étude toxicologique des pesticides qui conditionne leur mise sur le marché ?

Lylian Le Goff : Chaque nouvelle molécule mise sur le marché fait l'objet d'une homologation. Une commission constituée de plusieurs dizaines de membres, dont des représentants des groupes agrochimiques et de l'Union des industries de la protection des plantes (UIPP), est chargée d'évaluer la toxicité du produit. Dans ces conditions, il est clair que la commission n'agit pas en toute indépendance. Résultat : des produits qui devraient être interdits continuent d'être commercialisés.

Quelles sont les méthodologies utilisées pour déterminer cette toxicité ?

Lylian Le Goff : La toxicité aiguë d'une substance pour l'homme est extrapolée à partir d'expériences réalisées sur des animaux de laboratoire, à qui l'on injecte ou fait ingérer le produit en question. L'une des méthodologies utilisées est la dose létale 50 (DL50), un test archaïque développé et mis en œuvre pour la première fois en 1927 par un pharmacologue anglais, et consistant à déterminer la quantité de toxique entraînant la mort de 50 %

des animaux testés. C'est par ce moyen que sont fixées les limites maximales de résidus pour les aliments et les doses journalières admissibles pour chaque molécule active. Depuis près de 50 ans, des voix s'élèvent contre ces tests d'un autre âge, qui perdurent en particulier dans la chimie et l'agrochimie, où ils suffisent à protéger l'industriel de toute plainte de consommateurs.

Aujourd'hui, on sait pourtant que la mort d'animaux à la suite de l'ingestion de fortes doses d'une substance n'a pas de valeur informative, le décès survenant généralement à cause d'une surcharge de l'estomac ou d'autres organes...

Philippe Desbrosses : Effectivement. C'est d'ailleurs ce qu'ont montré des chercheurs américains, dont le docteur John Laseter, venus à Bruxelles, au Parlement européen, pour un colloque organisé par Paul Lannoye en 1998.

Lylian Le Goff : Sur les 600 molécules pesticides commercialisées en France, très peu ont été évaluées par le Centre international de recherche sur le cancer. Les spécialistes reconnaissent désormais que les outils adéquats et les modèles manquent pour pouvoir réellement calculer les risques ; les autorisations délivrées au cas par cas ne tiennent pas compte des associations de produits ni des effets de leur synergie alors que dans l'environnement on a affaire à de véritables cocktails de pesticides.

CERTITUDES SUJETTES À CAUTION

En associant deux produits, la dangerosité de ces substances est accrue ?

Lylian Le Goff : Elle est bien plus forte et étendue que s'ils sont utilisés indépendamment ! Un exemple a été donné avec les abeilles : elles ne souffrent pas quand on utilise tel herbicide et tel fongicide séparément, mais les trois quarts d'entre elles meurent quand ils sont combinés. De même, les effets potentiels chroniques à long terme des pesticides dans les cancers, y compris les perturbations comportementales et hormonales, ne sont pas suffisamment, voire pas du tout, étudiés.

Pour réévaluer un certain nombre de produits phytosanitaires qui n'avaient pas été soumis à contrôle avant 1993 et décider de la poursuite ou non de leur commercialisation, l'Union européenne a entrepris un vaste programme d'études au cours duquel les industriels vont devoir prouver que leurs produits ne sont pas dangereux en sacrifiant 92 millions d'animaux d'expérience !

Lylian Le Goff : Encore une fois, cette approche est insuffisante, car elle ne tient compte ni des voies de contamination chez l'homme, ni des effets du pesticide sur le long terme, ni enfin des conséquences de son association avec d'autres produits. De plus, les résultats varient selon les espèces et l'âge des animaux testés, leur poids, la température ambiante, les saisons et les heures. Par exemple, la toxicité d'un herbicide comme le Roundup varie de 3,2 à 52 ppm selon l'espèce et la maturité du poisson, la dureté et la température de l'eau ! De même, il est bien connu de tous les toxicologues que les résultats obtenus sur un rat et sur une souris pour un même produit diffèrent considérablement.

Dans ce cas, quel est l'animal ou l'espèce qui peut nous indiquer les effets combinés de plusieurs produits sur le long terme ?

Lylian Le Goff : Il n'en existe pas. Theo Colborn, que l'on a citée plus haut, le fait elle-même remarquer : « L'expérimentation animale indique des pistes mais, les effets des contaminants variant d'une espèce à l'autre, il est impossible de prédire ce qui peut se passer chez l'homme. » C'est d'ailleurs là-dessus que jouent une partie des industriels, qui effectuent leurs tests sur certaines espèces animales et pas sur d'autres afin d'obtenir le résultat désiré et de se voir accorder une autorisation de mise sur le marché !

LA MORT DANS LES CHAMPS

Alors, que dire des 450 pesticides qui ont été interdits de vente à partir du 1er janvier 2004 dans toute l'Union européenne ?

Lylian Le Goff : Sur le fond, les pesticides retirés du marché ne l'ont pas été pour des raisons environnementales ou de santé publique. Ils l'ont été parce que les industriels ont renoncé à défendre des produits devenus peu rentables. Car c'est la rentabilité qui conditionne la commercialisation des pesticides, ce qui conduit à des aberrations. Ainsi, en 1996, le Dinoterbe, un herbicide trop toxique pour la faune aquatique et potentiellement cancérigène, est mis sur la liste des produits interdits. Cependant, l'arrêté qui paraît au *Journal officiel* précise que, « dans le cadre de l'écoulement des stocks, il est accordé un délai pour leur utilisation et leur distribution ». De même, la France a attendu 2002 pour interdire l'Atrazine, un produit phytosanitaire toxique, alors que l'Allemagne l'avait banni dès 1991. L'état d'esprit qui donne priorité à la valeur marchande des stocks reconnus à risque pour la santé publique est un scandale !

Les agriculteurs sont-ils informés des risques qu'ils encourent à manipuler ces substances ?

Philippe Desbrosses : Non, du moins ils ne l'étaient pas jusqu'à une date récente. Ils n'y sont pas sensibilisés pendant leur formation, et, par la suite, ne sont alertés ni par les chambres d'agriculture, ni par les syndicats, ni par la médecine du travail, ni par les fabricants. En France, 700 000 à 1 million de personnes sont considérées comme professionnellement exposées. Ce sont des gens qui travaillent dans le traitement du bois ou dans l'agriculture. Des études ont montré que les agriculteurs sont plus fréquemment touchés par certains cancers – lèvres, cerveau, ovaires, peau, prostate, estomac et sang (leucémies) – que le reste de la population, mais ils continuent cependant d'utiliser des pesticides parce que aucune volonté politique n'est là pour les mettre en garde, et surtout pour réglementer la mise sur le marché de ces produits hautement toxiques.

Lylian Le Goff : De plus, il n'existe aucun contrôle des modes ni des quantités d'utilisation de ces substances ! Selon la Mutualité sociale agricole, 1 agriculteur français sur 6 déclare avoir été victime de troubles après manipulation de produits phytosanitaires. Dans 9 cas sur 10, le matériel de protection n'a pas été utilisé. S'il est nécessaire de revêtir des cirés avec masque respiratoire intégré pour cultiver la terre, c'est qu'il y a un problème, mais sans doute l'image d'agriculteurs ainsi harnachés effraierait-elle le consommateur !

Des études épidémiologiques sont-elles menées en France ?

Philippe Desbrosses : Non. En revanche, il y en a eu à l'étranger, notamment au Canada et en Israël. Elles ont décrit par exemple la survenue de cas de maladie de Parkinson après exposition à ces produits selon une variance géographique. Les agriculteurs concernés sont également atteints de troubles plus diffus – de l'attention, de la mémoire, de la concentration, de l'humeur –, ou encore de maux de tête lors d'expositions modérées mais prolongées aux organophosphorés.

Les agriculteurs ne sont pas les seules victimes, dans la mesure où chaque consommateur ingère d'une manière directe ou indirecte ces molécules.

Lylian Le Goff : En effet. Même en doses minimes, nous sommes tous concernés, d'autant que les pesticides s'accumulent dans l'organisme avec le temps : il n'y a pas de faibles doses inoffensives. De plus, ils se transmettent au fœtus à travers la barrière placentaire, ou au nourrisson par le lait. À l'étranger, selon les estimations du BIT (Bureau international du travail) et de l'OMS en 2003, ce sont 220 000 personnes qui meurent chaque année par intoxication aiguë, et l'on dénombre aussi près de 3 à 4 millions de personnes gravement malades.

POISONS EN CHAÎNE

Pourquoi autant de décès dans les pays en voie de développement ?

Lylian Le Goff : Les pesticides les plus dangereux, interdits d'utilisation dans les pays industrialisés, sont tout simplement expédiés vers les pays en voie de développement, où l'absence de législation permet leur commercialisation. C'est ainsi qu'ils se retrouvent généralement dans nos assiettes *via* des produits exotiques importés couramment de ces régions, tels le café, le thé, le sucre, les bananes, les ananas, etc. Les exportations ont créé une sorte de circuit du poison, lequel attaque la santé des ouvriers qui le fabriquent, puis celle des paysans qui l'utilisent, enfin celle des consommateurs qui le mangent.

Philippe Desbrosses : Un rapport du Parlement européen estimait à un tiers la part du chiffre d'affaires des firmes agrochimiques réalisée grâce à l'exportation de ces pesticides.

C'est le vide réglementaire, l'analphabétisme et les conditions de travail qui transforment ces produits en armes mortelles ?

Philippe Desbrosses : Tout à fait. Selon l'OMS et le BIT, chaque minute un habitant des pays du tiers monde est victime d'un empoisonnement par un pesticide. Parmi les pesticides exportés vers ces pays, 25 % au moins sont des produits interdits ou faisant l'objet d'une mise en garde sévère. Certains n'ont jamais été analysés, d'autres sont des poisons bien connus à l'origine de cancers, de malformations congénitales et de mutations génétiques. Pourtant, les lois fédérales américaines stipulent clairement que les pesticides interdits ou non enregistrés peuvent être légalement exportés !

Quelle est la situation sur le terrain ?

Philippe Desbrosses : Évidemment dramatique. En Amérique latine, dans les champs de coton traités par avion, les cultivateurs restent au travail pendant que le produit est diffusé. À

Culiacan, dans le nord du Mexique, où se trouvent de vastes plantations de tomates à destination des supermarchés américains, des ouvriers agricoles ont encore été victimes ces dernières années de l'usage de pesticides contenant du chlore et en sont morts. En Guadeloupe, les traitements pesticides dans les plantations de bananes posent problème pour les mêmes raisons, d'autant que certains produits phytosanitaires interdits mais relativement rentables font l'objet d'un trafic. Au Costa Rica, 4 000 ouvriers agricoles sont devenus stériles après avoir été obligés par les grandes firmes propriétaires des pesticides de répandre ces produits à la pelle ! La situation est semblable en Afrique et en Asie. Actuellement, un pesticide, le Paraquat, est à l'origine d'un scandale largement passé sous silence.

De quoi s'agit-il ?

Martine Rémond-Gouilloud : Le Paraquat est un puissant herbicide employé partout dans le monde, y compris en France, sur les vignes et dans les cultures d'arbres fruitiers. Il est commercialisé par la société suisse Syngenta, la plus importante multinationale de l'agrochimie au monde. Six pays européens ont déjà abandonné son utilisation, dont la Suisse, où il est interdit depuis 14 ans. Un certain nombre de réserves ont été émises par d'autres pays, en particulier par la France, qui était opposée à son inscription sur la liste des autorisations de mise sur le marché dans le cadre des réévaluations, en raison du risque pour l'applicateur et pour la santé des populations. Mais la France s'est finalement montrée favorable, contre l'avis même de la Commission d'étude de la toxicité ! Entre 1962, date à laquelle il a commencé d'être vendu, et 1971, 120 morts ont été recensés. La toxicité du Paraquat est telle que toute ingestion de l'ordre de 3 à 6 grammes est mortelle. Les intoxications pulmonaires et cutanées sont aussi très nombreuses, en particulier dans les pays en voie de développement pour les raisons déjà citées. Dans ces pays, le Paraquat est d'ailleurs très souvent utilisé comme moyen de suicide tant son effet est foudroyant.

HABILES STRATÉGIES

Ce produit est toxique mais vendu en toute légalité. En revanche, comment les compagnies parviennent-elles à se soustraire à la réglementation lorsqu'il s'agit de produits interdits ?

Philippe Desbrosses : Si un pays interdit tel produit, il suffit aux firmes agrochimiques d'aller s'installer ailleurs, là où l'absence d'information et de réglementation laisse libre cours à leur négoce. Les multinationales ont découvert une habile stratégie : elles expédient séparément vers un pays du tiers monde les différents composants chimiques d'un pesticide interdit et le refabriquent là-bas dans des usines appelées « usines de formulation ». Elles peuvent alors le vendre dans le monde entier sous un nouveau nom. Pour tromper les administrations susceptibles d'être alertées, elles n'hésitent donc pas à falsifier les étiquettes et à organiser la sous-traitance avec de petites sociétés-écrans créées localement pour les besoins de la cause.

Les produits chimiques ont pourtant fait l'objet très récemment de nombreuses réglementations et débats, à l'image de la convention de Rotterdam, un traité qui légifère sur le commerce des produits chimiques et des pesticides dangereux...

Philippe Desbrosses : C'est vrai. Cette convention a été ratifiée par plusieurs pays en voie de développement en février dernier à l'initiative de la FAO (Organisation des Nations unies pour l'alimentation et l'agriculture). Elle va, on l'espère, aider à sortir peu à peu de ce drame des pesticides frauduleux en permettant au pays destinataire d'obtenir du pays exportateur des garanties quant à la non-nocivité de ses produits. Elle laisse en outre théoriquement aux gouvernements la liberté de refuser l'importation de pesticides nocifs pour la santé humaine et l'environnement et celle de réexaminer de manière indépendante toute la procédure d'études toxicologiques dont ces produits ont fait l'objet. La France vient aussi de signer la convention de Stockholm, entrée en vigueur en mai 2004, qui vise à mieux évaluer la dangerosité des produits chimiques persistants (POPs) et à leur trouver des alternatives. Ce sont des perspectives extrêmement intéressantes, à condition que leur application soit rigoureuse.

Aujourd'hui, si la dangerosité des pesticides à court et à long terme est reconnue, si des textes et des conventions existent, pour quelle raison de telles substances sont-elles encore produites et commercialisées ?

Philippe Desbrosses : Parce que les grandes firmes agrochimiques, qui détiennent 80 % du marché des pesticides, et les puissants syndicats agricoles font pression auprès des pouvoirs publics pour que perdure ce système qui les enrichit. Les premières se sont d'ailleurs récemment organisées pour encourager l'exportation de leurs produits et refuser qu'ils soient taxés.

PRINCIPE DE PRÉCAUTION

Ne faudrait-il pas informer plus clairement les consommateurs sur les produits chimiques qui sont susceptibles de se retrouver dans leurs assiettes et leurs jardins ?

Lylian Le Goff : Si les pouvoirs publics contribuaient à dresser un véritable état des lieux portant sur l'ampleur de la pollution par les pesticides et des risques pour la santé, les résultats nous amèneraient forcément à modifier les pratiques agro-industrielles en vigueur et à retirer immédiatement du marché des quantités de produits qui polluent actuellement nos aliments et notre eau à leur source. D'où la nécessité d'appliquer le principe de prévention et de précaution par une remise en cause de l'utilisation systématique des pesticides.

Comment peut-on définir le principe de précaution ?

Dominique Bourg : Ce concept, né en Allemagne dans les années 1970, oblige à adopter une attitude de prudence face à d'hypothétiques menaces, à penser à la portée de nos actes et de nos activités. À la demande de Jacques Chirac, il est aujourd'hui question de l'inscrire dans la Constitution française, avec une charte proposant « le droit pour chacun de vivre dans un environnement équilibré et respectueux de la santé ». Après une réflexion menée en France par une commission présidée par le préhistorien Yves Coppens, un texte de loi a été proposé au Conseil des ministres en juin 2003, puis soumis au Parlement en mai et juin 2004. S'il est adopté par le Congrès, ce texte instituera une veille vis-à-vis des risques de dommages « graves et irréversibles à l'environnement ». Aux termes de l'article 5 de la Charte de l'environnement, l'identification de ce type de risque conduira les autorités publiques à une double action : l'évaluation du risque, et l'adoption de mesures « provisoires et proportionnées » pour y parer. Autrement dit, les autorités devront se donner les moyens de mieux connaître le risque en question et chercher à le réduire sans attendre d'avoir levé l'incertitude scientifique.

Nombreux sont ceux, Académie de médecine en tête, qui pensent néanmoins que ce principe risque d'entraver la liberté de recherche et de freiner l'activité économique.

Martine Rémond-Gouilloud : Face à une menace grave ou irréversible pour l'environnement, le principe de précaution consiste à ne pas attendre le pire pour prendre des mesures ; il n'est pas non plus nécessaire de se retrancher derrière une incertitude, ni même une certitude scientifique. Ce principe d'action et de raison me semble être la rançon du progrès dans un monde où la technique s'accélère. Poursuivons les activités humaines et les développements technologiques, mais sachons nous entourer de garde-fous pour nous protéger d'éventuelles catastrophes.

Quel impact, positif ou négatif, pourrait avoir ce principe appliqué aux pratiques agricoles ?

Dominique Bourg : Nous commençons à mieux apprécier, après 50 ans de pollution chimique massive, les effets de l'environnement pollué sur la santé, sans pourtant pouvoir prendre appui sur des connaissances parfaites ni complètes. Nous sommes donc bel et bien dans le domaine d'application de la précaution. Le récent « Appel de Paris » des professeurs Belpomme, Israel et Montagnier en faveur de l'application de notre principe de précaution et d'un encadrement strict de l'industrie chimique est à cet égard très significatif. Or l'agriculture a été et reste un des vecteurs essentiels de l'usage et de la diffusion de toutes sortes de molécules de synthèse.

Le progrès doit-il forcément être synonyme de performance économique ?

Dominique Bourg : Le marché tel qu'il existe aujourd'hui coïncide avec une performance instantanée. Or, en excluant tous les paramètres qui viennent d'être abordés, le raisonnement est vicié et on se trouve en présence d'une fausse performance qui ne tient compte que des réalités financières. Un vrai progrès doit intégrer différents aspects du réel dans la longue durée. Dans son livre *Paysans, de la parcelle à la planète*, Estelle Deléage cite une réflexion de Hannah Arendt : « Le mot "culture" dérive de "colère", cultiver, demeurer, prendre soin, entretenir, préserver et renvoie primitivement au commerce de l'homme avec la nature au sens de culture et d'entretien de la nature en vue de la rendre propre à l'habitation humaine. » Voilà bien la démarche à suivre.

QUATRIÈME PARTIE

ALTERNATIVES

Chapitre 7

Une agriculture pour la nature et l'homme

PRÉSERVER L'AVENIR

Que doit-on faire pour sortir de ce système productiviste responsable d'autant de crises sociales, environnementales, sanitaires et économiques ?

Lylian Le Goff : La solution à toutes ces dérives passe évidemment par la mise en œuvre d'une politique agricole répondant aux critères du développement durable, que les responsables politiques s'étaient pourtant engagés à respecter au Sommet de la Terre de Rio. Je rappelle qu'en 1992 173 chefs d'État avaient signé un programme de développement durable à décliner dans chaque pays et dans chaque ville.

D'où vient ce concept et en quoi consiste-t-il exactement ?

Lylian Le Goff : Dans les années 1970, certains experts ont lancé un cri d'alarme au vu de la croissance économique et de son impact négatif sur le social, l'économique, la santé et l'environnement. De là est née cette fameuse notion de développement durable, présentée comme une alternative pour protéger et préserver l'avenir de l'homme et de la nature. Elle recouvre au niveau mondial des problèmes de développement tels que l'accès à l'eau, à la nourriture, aux terres cultivables. En termes économiques, elle concerne le contexte de la croissance et les échanges mondiaux, et vise à améliorer les conditions de travail, à mieux répartir les richesses, à veiller à ce que la croissance ne se fasse pas au détriment des pays pauvres, de l'environnement et des générations futures.

En quoi consiste l'agriculture durable ?

Lylian Le Goff : Dans ce cadre, l'agriculture durable consiste à défendre et à pratiquer une agriculture respectueuse de l'environnement, économiquement viable et socialement équitable. En somme, une agriculture capable de produire des aliments sains, des emplois, une qualité de vie, et d'assurer une gestion des ressources naturelles pour les générations futures.

Une agriculture socialement équitable représenterait-elle une alternative à l'agriculture productiviste ?

Roland Albignac : Bien sûr ! Le commerce équitable consiste à favoriser des échanges de production agricole plus équilibrés entre le Nord et le Sud. Il s'agit de payer les produits à un prix permettant aux populations concernées de vivre de leurs récoltes sans avoir recours à une agriculture destructrice et en évitant notamment le travail des jeunes enfants. Jusque-là, notre agriculture très largement subventionnée n'a pas joué en faveur de tels échanges. Voilà donc une des pistes à développer le plus rapidement possible.

Quels sont les autres thèmes sur lesquels nous devrions travailler pour sortir de l'impasse dans laquelle nous a poussés l'agriculture industrielle ?

Lylian Le Goff : En premier lieu, ce que les politiques ne doivent plus faire, c'est mettre en avant les facteurs économiques – la course au rendement – plutôt que la santé de la population et la pérennité des ressources naturelles. La création d'une structure de santé publique, associée au lancement de véritables études sur le devenir des pesticides et des engrais chimiques dans l'environnement, ainsi que chez les populations, et sur leurs effets sur la santé, devrait constituer une des priorités des pouvoirs publics, avec à la clef des programmes de recherche interdisciplinaires permettant de disposer d'une vision globale du problème : des enquêtes épidémiologiques pour être à même d'évaluer les risques encourus par la population, mais aussi le développement d'alternatives évitant l'emploi de produits dangereux.

PRINCIPE DU POLLUEUR-PAYEUR

Une structure susceptible au final de faire respecter une véritable politique de sécurité sanitaire qui intégrerait enfin les facteurs environnementaux ?

Lylian Le Goff : Cela me semble essentiel. Or ce type de structure fait défaut, en France comme en Europe. Dans l'Hexagone – on le constate lors de chaque crise alimentaire –, le ministre de l'Agriculture reste juge et partie pour traiter des dossiers concernant la santé. Un autre exemple typique est la Commission d'homologation des pesticides, composée d'une cinquantaine de membres représentant le ministère de l'Agriculture et l'agro-industrie, tandis que la santé et l'environnement n'ont droit qu'à un seul représentant !

Si nous pouvions évaluer les risques, la logique voudrait que le principe de prévention et de responsabilité soit appliqué en retour ?

Lylian Le Goff : Tout à fait. Le principe pollueur-payeur devrait être appliqué avec rigueur et, en cas de fautes ou de fraudes caractérisées, des amendes et des condamnations dissuasives devraient être infligées. Mais, pour l'heure, les moyens humains et techniques dont disposent les autorités administratives pour faire respecter la réglementation sont notoirement insuffisants. De la même manière, il est essentiel de continuer à imposer un moratoire sur les cultures et les importations d'OGM à vocation agricole, dont les avantages relèvent toujours de la profession de foi alors que les preuves de risque s'accumulent. Enfin, il faut combler ce vide juridique inacceptable qui fait que le régime de responsabilité et de réparation en cas de dommages n'a toujours pas été défini par les autorités.

La recherche fondamentale, non destinée à des fins commerciales, devrait disposer de temps et de moyens pour évaluer ce à quoi nous devons nous attendre avec les OGM ?

Lylian Le Goff : Absolument. Tout simplement pour mieux connaître le fonctionnement du vivant et maîtriser les conséquences des manipulations génétiques. Cela vaudrait mieux que de prendre le risque d'ouvrir la boîte de Pandore en autorisant la propagation de produits expérimentaux dans les champs et les assiettes. Indépendamment des dangers déjà évoqués, c'est aussi le libre choix de l'alimentation qu'il s'agit de préserver, en raison du risque avéré de contamination des espèces originelles par les pollens transgéniques. Au-delà des OGM, dans la liste des solutions possibles, il faudrait pouvoir aussi appliquer réellement la loi d'orientation agricole qui prévoit d'aider en priorité les modes de production respectueux de l'environnement, de la qualité des produits et de l'emploi, autrement dit, répondant aux objectifs de développement durable.

Il manque là une volonté politique sérieuse ?

Lylian Le Goff : C'est le moins qu'on puisse dire ! Des alternatives ont pourtant été tentées avec succès il y a 20 ans par nos voisins allemands, cela devrait nous encourager ! Un exemple : à Munich, une reconversion à une agriculture plus respectueuse de l'environnement a pu se produire grâce à une opinion sensibilisée, à des agriculteurs décidés et, pour le coup, à une réelle volonté politique. Les conséquences ont été positives. Aujourd'hui, la région n'a plus besoin de dépolluer son eau, qui a atteint la qualité d'une eau de source, alors que nous continuons en France à dépenser en moyenne

0,27 euro (1,80 franc) par mètre cube d'eau uniquement pour la débarrasser des nitrates ! En Allemagne, les incitations financières pour encourager les agriculteurs à se reconvertir reviennent 30 fois moins cher : 0,01 euro (0,06 franc) par mètre cube d'eau distribuée ! Et encore s'agit-il d'un investissement que l'on récupère en économies réalisées sur la dépollution.

Le tout-chimique est-il un mal nécessaire ?

Lylian Le Goff : Bien sûr que non ! Par différents moyens (taxes, formations, incitations financières), certains pays du Nord comme les Pays-Bas, la Suède et la Norvège ont, en 10 ans, réussi à réduire de moitié leur recours aux produits phytosanitaires sans bouleverser pour autant leur économie. Le Danemark a lui aussi montré l'exemple en diminuant de 30 % la quantité de pesticides utilisés depuis 1996.

AGRICULTURE BIOLOGIQUE

Quels sont ces modes de culture respectueux et ces alternatives aux productions conventionnelles ?

Philippe Desbrosses : L'agriculture biologique représente l'une des alternatives sérieuses, et en tout cas le modèle le plus achevé de développement durable agricole. Son rôle est de permettre un premier pas vers l'indépendance énergétique et l'autosuffisance alimentaire. Elle se définit tout d'abord comme une agriculture plus économe, autonome et sans impact négatif sur les ressources naturelles, la santé et l'environnement.

Concrètement, qu'est-ce qui la différencie d'une agriculture productiviste ?

Philippe Desbrosses : Elle se fonde sur un ensemble de pratiques qui ont pour objectif de produire des denrées agricoles de haute qualité nutritionnelle en quantité suffisante, et surtout de travailler en accord avec les écosystèmes naturels plutôt que de chercher à les asservir. Par exemple, on va diversifier les plantations pour réguler telle ou telle espèce animale ou végétale nuisible. Cultiver des plantes répulsives ou encore planter des haies et des arbustes d'une essence particulière permettra d'y faire vivre une population d'oiseaux insectivores qui débarrasseront les cultures des larves et des insectes indésirables. Un autre principe est la rotation des cultures de manière à ne pas épuiser les sols et les micro-organismes qui y vivent, ainsi que la culture de certaines plantes pour nourrir et enrichir naturellement la terre entre deux productions, en n'utilisant bien entendu que des engrais naturels.

L'objectif en somme est de collaborer avec la nature plutôt que de l'asservir ou de lutter contre elle ?

Philippe Desbrosses : Exactement. Prenons un autre exemple. Les abeilles ont un rôle déterminant dans la fécondation de nombreuses plantes, et par conséquent dans leur fructification par le biais de la pollinisation. Leur intervention a une incidence sur le volume des récoltes et sur les rendements économiques. Leur seule présence dans un verger peut, d'après les spécialistes, augmenter de 30 % ses rendements. On a donc intérêt à avoir de plus en plus recours à elles pour favoriser la production. Pour l'heure, les collaborations entre apiculteurs et agriculteurs sont plutôt rares, d'autant que les seconds ruinent encore trop souvent les premiers par les substances qu'ils emploient dans les cultures et qui tuent les abeilles. Cela dit, voilà une action simple susceptible de porter très rapidement ses fruits.

L'agriculture biologique permet-elle de maintenir la diversité génétique des systèmes agraires et de leur environnement ?

Philippe Desbrosses : Tout à fait. Elle participe aussi à la protection des animaux et des plantes sauvages. Quant aux animaux d'élevage, leurs conditions de vie sont également respectées, tout comme leurs besoins physiologiques. Contrairement à ce qui se passe dans l'élevage en batterie, ils peuvent extérioriser leurs comportements spécifiques sans avoir à souffrir de stress ou de maladies.

PRÉSERVATION DE LA TERRE

Et tout cela à rendement égal ou supérieur ?

Philippe Desbrosses : C'est une erreur de penser que les rendements et la croissance sont incompatibles avec une gestion de la terre respectueuse de la nature et des hommes. D'autant que les avantages d'une telle gestion dépassent largement la dimension purement économique. Une étude menée aux États-Unis par l'Institute of Science in Society a révélé récemment que les cultures biologiques étaient plus résistantes aux périodes de sécheresse ou d'inondation. Pendant 23 ans, l'institut a comparé 3 types de parcelles, 2 biologiques et 1 conventionnelle, et il a pu démontrer scientifiquement la capacité supérieure d'absorption d'eau et de résistance à l'érosion des sols des parcelles biologiques, dans lesquelles les plantes peuvent s'enraciner profondément. En outre, les rendements ont été plus importants dans ces parcelles.

L'expérience a-t-elle été reproduite ailleurs ?

Philippe Desbrosses : Oui. L'IRAB (Institut de recherche agriculture biologique suisse), après 21 ans d'observation, a montré que les systèmes d'agriculture bio permettaient d'économiser les ressources et d'améliorer la fertilité des sols parce qu'ils n'utilisaient pas d'intrants chimiques. On n'a pas noté de dégradation des sols, comme cela a été le cas sur une parcelle témoin traitée aux pesticides et aux engrais conventionnels. L'agriculture biologique permet aussi de protéger nos réserves en eau et prévient l'appauvrissement des aliments en nutriments.

Qu'est-ce qui vous fait dire que les produits issus de l'agriculture biologique sont de meilleure qualité que ceux issus d'un mode de culture conventionnel ?

Lylian Le Goff : L'enquête ABARRAC, menée par une équipe de l'INSERM (Institut national de la santé et de la recherche médicale) dirigée par le professeur Joyeux, a prouvé que les produits bio ont une teneur en nutriments supérieure en moyenne de 25 % à celle des produits issus de l'agriculture conventionnelle. Ce *plus* concerne tous les nutriments, mais particulièrement les fibres, les acides gras insaturés qui protègent des maladies cardiovasculaires et les micronutriments anti-oxydants. Une autre enquête de l'INSERM appelée SU.VI.M.AX (SUpplémentation en VItamines et Minéraux Anti-oXydants) a révélé une véritable carence en fibres dans l'alimentation des Français, ainsi qu'une insuffisance d'apports en vitamines et oligoéléments anti-oxydants et en vitamines B. À trop privilégier le rendement au détriment de la qualité, on fragilise les espèces. Au final, elles s'appauvrissent en nutriments et deviennent, on l'a vu, dépendantes des traitements polluants (engrais chimiques, pesticides, alimentation artificielle et antibiotiques systématiques pour les animaux). L'aliment à la fois dévitalisé et pollué devient un facteur de risque évident pour la santé humaine.

Concrètement, quels sont ces risques ?

Lylian Le Goff : Ils sont nombreux : fragilisation et oxydation de l'organisme avec déficiences immunitaires et fatigue chronique, prédisposition aux surcharges pondérales, au diabète, aux allergies, aux maladies cardiovasculaires, aux cancers…

Récemment, l'Académie de médecine a pourtant semé le trouble en affirmant qu'elle suspectait certaines céréales bio d'être porteuses de champignons nocifs, qui pourraient se développer en raison de l'absence de conservateurs...

Philippe Desbrosses : Une étude menée par l'AFSSA a montré que ces toxines cancérigènes issues de moisissures, que certains soupçonnent d'être plus nombreuses dans les produits bio, sont en réalité présentes en moindre quantité dans ceux-ci que dans le conventionnel.

Lylian Le Goff : La suspicion de l'Académie de médecine ne repose en outre que sur un raisonnement spécieux selon lequel, l'agriculture biologique n'utilisant pas de pesticides, ses produits contiendraient forcément des champignons à toxines. C'est oublier qu'un produit dont la physiologie est respectée a une bonne immunité qui lui évite les parasites. Rappelons l'aphorisme de Claude Bernard, le père de la biologie moderne : « Le germe n'est rien, le terrain est tout. » D'ailleurs, un rapport récent de la FAO concernant l'influence de l'agriculture bio sur l'innocuité et la qualité des aliments atteste que le lait de vaches nourries avec des fourrages de céréales bio a bien moins de chances de contenir des moisissures que celui de bêtes d'élevage nourries en conventionnel, dans lequel on retrouve à la fois des moisissures et des pesticides.

UNE ALTERNATIVE DE QUALITÉ

On reproche aussi bien souvent aux produits bio d'avoir un coût relativement élevé.

Lylian Le Goff : L'agriculture biologique apparaît à l'évidence comme l'alternative de qualité, permettant d'éviter tous les méfaits qui ont été évoqués ici, car elle ne recourt pas aux produits chimiques de synthèse, respecte le développement et la maturation physiologique des espèces, renouvelle les ressources du sol. Son label garantit aux consommateurs la transparence et la traçabilité. Mais la qualité a un prix, car il faut tenir compte de la main-d'œuvre. Cela dit, gardons à l'esprit que le consommateur paye 4 à 5 fois un produit issu des procédés intensifs par le biais des subventions, des frais de dépollution, etc. De plus, cet argument du prix n'a pas de sens quand on voit qu'on ne sait plus comment ni avec quoi se nourrir pour éviter prions, listéria, salmonelles, OGM, nitrates, pesticides, dioxine, hormones…

Dominique Bourg : Depuis les années 1950, le prix des denrées alimentaires a baissé de 75 %.

Le confort de la vie moderne est inséparable de cette diminution, laquelle est elle-même inséparable du massacre agricole. Moralité : on ne peut pas réformer le système sans accepter de payer un peu plus.

D'accord, mais en pratique, pour accéder à la qualité sans grever son budget, que faut-il faire ?

Lylian Le Goff : Il faut avant tout savoir mieux manger, c'est-à-dire manger varié et équilibré. Nous consommons trop de viande et de produits carnés et pas assez de végétaux. Depuis les années 1950, on a délaissé les protéines végétales au profit des protéines animales, souvent accompagnées de graisses saturées. On sait maintenant que ces excès favorisent les maladies cardiovasculaires et certains cancers. Il y a donc un intérêt à la fois sanitaire et économique à diversifier ses apports. Tout en payant plus cher chacun des produits, on peut ne pas dépenser davantage grâce à une bonne répartition des menus entre produits animaux (onéreux) et végétaux (plus économiques). Associées au cours d'un même repas, une céréale complète et une légumineuse apportent des protéines équivalentes mais aussi bien plus de nutriments que des produits animaux (fibres, amidon, vitamines et minéraux). Globalement, sur une dizaine de repas répartis sur 2 semaines, en consommant en moindre quantité une viande bio, l'économie réalisée permet de tout acheter en qualité AB pour le même budget.

Selon un sondage réalisé et publié en 2001, 90 % des consommateurs réclament une agriculture n'utilisant plus d'engrais chimiques, alors que le marché bio ne représente que 2 % de l'offre ! Comment fait-on pour combler un tel fossé ?

Dominique Bourg : Il faut poursuivre l'effort entrepris par les grandes surfaces pour ouvrir au plus grand nombre l'accès à ce type d'aliments, destinés, rappelons-le, à toutes les catégories sociales. Pour cela, il est également nécessaire que les pouvoirs publics aient le courage d'initier et de développer de nouveaux modes de consommation. Par exemple, ils devraient encourager les cantines scolaires, l'administration, les restaurations collectives à consommer plus de bio et de durable, et au minimum du raisonné.

Une agriculture au service de la vie...

Lylian Le Goff : De nombreuses municipalités, ayant pris conscience de la mise en cause de la qualité des produits, ont désormais recours au bio ou simplement à une agriculture paysanne. Elles développent ainsi un marché de qualité qui devrait inciter le monde agricole à s'engager résolument dans une agriculture au service de la vie. Cette composante socio-économique d'une alimentation saine et équilibrée est essentielle aussi pour réguler les rapports Nord-Sud et faire reculer la faim dans le monde.

À quel moment l'agriculture biologique est-elle apparue ?

Philippe Desbrosses : Elle est née dans les années 1920 d'une vive contestation par des agriculteurs et des scientifiques, autour de Rudolf Steiner, de la fertilisation artificielle des plantes. Plus tard, un agronome anglais du nom de Sir Albert Howard rendit publiques ses expériences d'agriculture organique (une méthode utilisant un certain nombre de préparations pour stimuler la vie du sol) à l'étranger, notamment en Inde dans les années 1940. Il critiquait déjà sévèrement l'agriculture chimique. En Allemagne, à la même période, un autre agronome, Ehrenfried Pfeiffer, développa un courant similaire. L'agriculture biologique était née.

Quand arrive-t-elle en France ?

Philippe Desbrosses : C'est après la Seconde Guerre mondiale que les principes de cette agriculture font leur apparition en France sous l'impulsion de consommateurs, de médecins et de paysans. Vingt ans plus tard, ses acteurs commencent à s'organiser. Ses organismes professionnels ont été les premiers à imposer une réglementation officielle, avec un cahier des charges qui a servi de modèle à la plupart des législations dans le monde. En 1996, on recensait dans l'Union européenne environ 50 000 producteurs bio. Aujourd'hui, ils sont 150 000, et avec l'arrivée des 10 nouveaux pays on atteint le chiffre de 175 000.

À quelle date l'agriculture biologique a-t-elle été reconnue officiellement ?

Philippe Desbrosses : Elle a été reconnue en France en 1980, et par la Communauté européenne le 24 juin 1991. Cette date marque le vrai départ de l'agriculture biologique en Europe. Il faudra attendre encore 8 ans pour que les productions animales soient intégrées dans le règlement européen. Depuis, toutes les fonctions de production, transformation, conditionnement, étiquetage et mise sur le marché, font l'objet de règles strictes et de contrôles réguliers. Les sanctions prévues en cas d'infraction sont sévères. Elles comprennent la radiation à vie des contrevenants, des amendes et des peines de prison ferme en cas de tromperie délibérée.

Qui se charge des contrôles ?

Philippe Desbrosses : En France, 5 organismes accrédités ont reçu cette mission. Les deux principaux sont Ecocert et Qualité France. On peut immédiatement identifier un produit bio grâce au logo AB, propriété du ministère de l'Agriculture. Ce logo, associé au label BIO, assure que les produits (y compris les graines et les plants) sont exempts d'éléments chimiques de synthèse du fait de leur mode de production. Par ailleurs, une Commission nationale de l'agriculture biologique, composée de professionnels, de représentants de l'État et de consommateurs, est chargée de veiller au bon fonctionnement de la filière et de conseiller les ministres dans les mesures à prendre pour le développement et l'évolution de ce secteur.

UNE ÉVOLUTION LENTE

Pourquoi l'agriculture biologique ne se développe-t-elle pas plus rapidement chez nous ?

Philippe Desbrosses : Parce qu'il existe un conditionnement social et culturel qui fait que l'agriculture productiviste perdure. Les arguments de communication des firmes agrochimiques sont toujours les mêmes : une perspective de rendement formidable, la possibilité de nourrir les gens qui meurent de faim, etc. À cela s'ajoute le jeu des primes à l'hectare octroyées par la politique agricole commune (PAC) pour un seul type de culture. Tant que ce système sera maintenu, la qualité de la production n'évoluera pas ! C'est aussi cela qu'il est urgent de réformer en profondeur.

En février dernier, le ministre de l'Agriculture a pourtant annoncé des mesures favorables au développement de l'agriculture biologique ?

Philippe Desbrosses : C'est vrai. Il a été proposé une conversion à l'agriculture bio relancée par la mobilisation de 13 % de l'enveloppe nationale des contrats agriculture durable, ce qui représente 50 millions d'euros sur 5 ans. Mais si l'on se base sur les 27 milliards d'euros alloués à l'agriculture conventionnelle et que l'on calcule au prorata des effectifs de l'agriculture biologique (environ 2 %), celle-ci devrait recevoir près de 600 millions d'euros par an, c'est-à-dire 10 fois plus que ce qu'on lui accorde à l'heure actuelle. On est donc très loin du compte et d'un traitement équitable.

On l'aura compris, octroyer des subventions plus importantes à des pratiques agricoles respectueuses de l'environnement et de la santé est une solution. Mais encore ?

Philippe Desbrosses : Encourager l'achat de produits bio par les collectivités et les agences publiques, sur le modèle des écoles en Italie, qui ont permis de faire démarrer l'agriculture biologique dans ce pays ; mieux informer les agriculteurs des risques qu'ils encourent à manipuler des substances toxiques ; les former aux traitements biologiques de leurs cultures ; créer dans chaque département des organismes capables d'aider et d'encadrer tout agriculteur ou éleveur désireux de s'initier à l'agriculture biologique ou paysanne.

Où en est le marché du bio en France et en Europe ?

Philippe Desbrosses : Il est en pleine croissance, de l'ordre de 20 à 30 % partout en Europe, sachant que l'Allemagne possède la plus grande part de marché. De plus, on vient de le voir, le bio est maintenant présent en grandes surfaces. En 1990, Monoprix a été la première enseigne à garnir ses gondoles de fruits et légumes bio, suivie de Carrefour, qui a établi un partenariat avec des producteurs et des transformateurs et a développé sa gamme de produits, puis d'Auchan, d'Intermarché, de Leclerc, de Cora, de Casino…

UN MONDE EN MUTATION

Les perspectives sont donc favorables ?

Philippe Desbrosses : Le chiffre d'affaires annuel de l'agriculture biologique pour la France, l'Allemagne, l'Italie, l'Espagne et la Grande-Bretagne est de 8 milliards d'euros, dont 3,2 milliards pour l'Allemagne. Entre 2001 et 2002, les surfaces cultivées ont augmenté de 23 %. Toutefois, la France, avec seulement 1,8 % de sa surface agricole dédiée au bio, reste au 13e rang européen sur 15, et au 25e rang mondial ! Ce qui est paradoxal pour un pays qui a été, il y a 20 ans, la locomotive dans ce domaine. À l'étranger, en revanche, on assiste à une évolution positive depuis quelques années.

Dans quels pays ?

Philippe Desbrosses : Dans le Sud-Est asiatique, après l'Inde et le Japon, la Thaïlande a elle aussi intégré l'agriculture bio dans ses programmes scolaires. Les pays d'Amérique latine, tout récemment le Mexique, se sont engagés dans un programme national de développement de l'agriculture biologique. La Finlande et l'Islande, comme la Suède, ont pris des mesures contre la pollution agricole en taxant les engrais et les pesticides. La Suède a ainsi réduit de 65 % sa consommation en pesticides dans l'agriculture entre 1986 et 1993. De plus, des programmes de formation des agriculteurs ont été mis en place. L'Autriche a développé un programme de conversion à l'agriculture biologique, et les Pays-Bas distribuent des primes importantes à ceux qui veulent se convertir au bio.

Tout cela à l'heure où la France continue de consacrer d'importantes subventions à l'agriculture productiviste au détriment des aides à l'agriculture biologique... Existe-t-il encore d'autres initiatives ?

Philippe Desbrosses : L'IFOAM, une fédération mondiale des acteurs de l'agrobiologie, organise depuis 1999 des programmes de développement en Chine, au Japon, en Corée du Sud, aux Philippines, au Vietnam, en Thaïlande, en Indonésie, en Inde et en Australie. Le principe est de maintenir des bases traditionnelles répondant à une nécessité élémentaire vitale. Ces pays pratiquent déjà la polyculture, qui consiste à cultiver dans un même champ plusieurs végétaux. Chaque plante se développe en association avec sa voisine, un procédé qui permet, par la combinaison des propriétés des unes et des autres, de se passer de pesticides et d'engrais artificiels. L'un des plus grands succès est probablement celui de Cuba, qui du fait de l'effondrement de l'Union soviétique s'est vu dans l'impossibilité d'importer des produits chimiques. Les agriculteurs ont donc dû trouver un procédé alternatif…

Lequel ?

Philippe Desbrosses : Face à la prolifération de charançons sur leurs plants de patates douces, ils ont tout simplement eu l'idée d'introduire leurs principaux prédateurs, une espèce de fourmis, en les attirant avec du miel. Le plus étonnant, c'est que cette méthode leur a permis d'augmenter leurs rendements. Ils sont devenus bio par obligation, ce qui montre bien la supériorité de l'agriculture biologique ou paysanne quand il s'agit de s'adapter à une économie de subsistance !

LES GESTES SIMPLES

Des gestes simples pour des résultats durables ?

Philippe Desbrosses : C'est cela. Selon Pierre Rabhi, agrobiologiste ardéchois, dans l'État du

Paraná, au Brésil, le non-labour est pratiqué sur 50 % de la terre cultivée, entraînant une importante réduction de la consommation d'engrais artificiels et un recul de 90 % de l'érosion des sols. Voilà encore un exemple concret d'une pratique conduisant à des résultats bénéfiques. On sait aussi que planter des arbres et des haies protège les sols ; c'est en respectant cette évidence que des agriculteurs de la vallée de Majjia, au Niger, ont pu préserver leur sol et maintenir l'humidité nécessaire à la croissance de leurs céréales.

Comment ont-ils procédé ?

Philippe Desbrosses : En plantant tout simplement des lilas des Indes ! Conséquence : une augmentation des rendements de 20 %. Nombreux sont ceux qui, à travers le monde, prouvent qu'on peut obtenir de bons résultats économiques sans recourir à toute la batterie habituelle des produits chimiques. La lauréate du prix Nobel alternatif, l'Indienne Vandana Shiva, l'a elle aussi montré dans sa ferme pédagogique. Grâce à son engagement et à ses travaux, ce ne sont pas moins de 1 500 variétés de riz qui ont pu être sauvées – rappelons qu'avant la fameuse révolution verte on en comptait plus de 30 000.

Diversifier les cultures est donc si important ?

Philippe Desbrosses : J'ai en mémoire un exemple frappant. L'Irlande a été le théâtre d'une des dernières grandes famines européennes ; cette catastrophe a décimé 2 millions de personnes en 1840, et provoqué l'émigration vers les États-Unis d'autant d'hommes et de femmes. À cette époque, les Irlandais ne consommaient qu'une seule variété de pomme de terre, cultivée pendant des décennies sur le même sol, dans les mêmes conditions. L'espèce a fini par se fragiliser et est devenue la proie d'une maladie parasitaire foudroyante qui a ravagé toutes les plantations et anéanti la principale ressource alimentaire. Quelles sont nos chances d'éviter une telle hécatombe face à l'uniformisation génétique qui caractérise actuellement l'agriculture conventionnelle ? Je pourrais prendre aussi l'exemple des famines endémiques du tiers monde, toutes consécutives aux désordres provoqués par les puissances coloniales, lesquelles ont exploité terrains et ressources naturelles pour des cultures non alimentaires (caoutchouc, coton, tabac) au détriment des cultures vivrières essentielles aux populations.

REPENSER LA PRODUCTION ALIMENTAIRE

Mais cette agriculture traditionnelle peut-elle vraiment nourrir la population mondiale ?

Philippe Desbrosses : Bien entendu ! D'autant qu'elle permet, dans les pays en voie de développement qui cherchent avant tout à se nourrir au moindre coût, d'utiliser les plantes locales et les moyens du bord. Pierre Rabhi a montré à travers diverses expériences que cela était possible. Cet homme est devenu un créateur et un animateur de projets de développement écologique et d'autonomie alimentaire destinés à l'agriculture sahélienne. Un centre de formation est né au nord du Burkina Faso, à Gorom Gorom, en 1985. La démarche de Pierre Rabhi a permis à ces populations de sortir du mode agricole occidental dans lequel elles étaient engluées et de réveiller en elles le souvenir des gestes simples de survie alimentaire. Elle a montré qu'on pouvait améliorer les rendements en ne recourant qu'aux engrais naturels et à une protection des sols naturelle ! Sur ce modèle, d'autres projets ont vu le jour – au Honduras, en Équateur, au Nicaragua, au Sri Lanka, au Pakistan, à Madagascar, aux Philippines –, avec à chaque fois les mêmes résultats positifs. Grâce à cette forme d'agriculture, les pays et les hommes redeviennent libres parce que autonomes sur le plan alimentaire et créatifs.

Soumettre cette activité particulière qu'est l'agriculture, indispensable à la vie, aux seules lois de la marchandisation internationale crée donc plus de problèmes que les lois ne permettent d'en résoudre ?

François Plassard : Oui, d'autant que, par le détour de la monnaie internationale unique créée par les banques indépendantes et l'Amérique – le dollar –, il s'établit un jeu forcément inégal qui conduit à la ruine des cultures vivrières locales au profit des monocultures industrielles. C'est ce qui a fait dire à Huan Somavia, diplomate chilien spécialiste du développement : « Tout ce que nous avons fait depuis la guerre froide est d'avoir remplacé la bombe nucléaire par une bombe sociale. » Explosera-t-elle ? Dans ce monde qui, tel un colosse aux pieds d'argile, se délite aujourd'hui par le bas beaucoup plus vite qu'il ne se construit par le haut, il est urgent de bâtir de nouvelles fondations.

Comment ?

François Plassard : Alors que plus de la moitié de la population mondiale est aujourd'hui paysanne et rurale et connaît, dans sa grande majorité, la misère et la faim, cette refondation ne peut faire l'économie d'une nouvelle politique qui établisse une relation durable entre l'ensemble de la société, la vie de ses terroirs, la qualité de son alimentation et ses pratiques agricoles et environnementales. On ne peut concevoir deux politiques parallèles : l'une soucieuse de la production, l'autre des équilibres généraux et locaux ; l'une tirée par une dynamique du marché sous contrôle, l'autre respectueuse des rythmes de la nature et de la participation effective des populations concernées. L'Europe saura-t-elle un jour relever ce défi et montrer l'exemple ? Dans nos démocraties, nous avons un bulletin de vote pour peser sur le politique, mais nous en avons aussi un qui passe par nos achats alimentaires quotidiens.

Chapitre 8

Consommer responsable

DEVENIR CONSOM'ACTEUR

Un acte individuel et un choix de consommation peuvent-il être suffisants pour impulser des changements face à un commerce mondial puissamment rodé ?

Lylian Le Goff : Il est important aujourd'hui de consommer responsable, à la fois pour soi, sa propre santé, celle de ses enfants, et dans une optique de solidarité vis-à-vis des producteurs, qui doivent pouvoir vivre dignement avec le souci de la qualité. Le commerce équitable doit bénéficier autant au paysan bolivien qui cultive le quinoa (céréale des hauts plateaux) qu'au paysan de la région qui n'utilise pas de pesticides ni d'engrais chimiques. Il est grand temps que chacun se persuade du fait que la préservation des ressources alimentaires de qualité dépend aussi et surtout de son comportement au quotidien. À l'heure de la grand-messe du développement durable, les plus éclairées des conventions internationales, confrontées à l'influence des lobbies et aux égoïsmes nationaux, demeureront lettre morte si les citoyens ne se mobilisent pas.

François Plassard : Une action individuelle associée à une autre entraîne une mobilisation générale capable de peser d'un poids certain sur la législation et les entreprises. Si nous voulons vraiment que ça change, les solutions peuvent et doivent passer par chacun d'entre nous, de l'acte d'achat individuel à l'action collective. Il nous faut devenir des « consom'acteurs ». Le choix de la non-violence n'est pas synonyme de passivité, mais peut créer un rapport de force rendant possible un vrai dialogue entre tous les acteurs.

Il n'y a pas d'achats innocents ?

Lylian Le Goff : Non, car tous conditionnent les modes de production et d'organisation de l'économie. Une économie plus solidaire et respectueuse de l'humain est possible si chacun utilise son pouvoir d'achat avec cohérence. À quoi bon dénoncer les risques liés à des procédés polluants pour finalement les avaliser en achetant les produits de ceux qui les mettent en œuvre ?! Ça n'a pas de sens. Les rapports entre l'État, les décideurs et les citoyens sont trop souvent des rapports de force. Or il existe un moyen simple, non violent et cependant très efficace de se faire entendre de l'État et des décideurs : c'est précisément de se comporter en consom'acteur, en effectuant des choix non seulement en fonction du prix, mais aussi de critères sanitaires, sociaux et environnementaux. Encore faut-il pour cela que le citoyen prenne ses responsabilités et ne cède pas à la résignation ni au fatalisme. Son pouvoir d'achat doit devenir un véritable pouvoir de décision, et son assiette un bulletin de vote quotidien.

VARIÉTÉ DES ALTERNATIVES

Un travail de fourmi citoyen ?

François Plassard : C'est cela. À tel endroit, il s'agira d'aller en groupe au supermarché pour vérifier la lisibilité des produits non OGM ou des produits du commerce équitable. À tel autre, par exemple dans un pays du Sud, il s'agira de créer un stand d'information pour dénoncer les publicités qui promettent la santé avec du pain et de la poudre de lait importés alors que les produits locaux sont tout à fait adaptés. La force de cette collaboration citoyenne dépend de son imagination et de sa créativité pour poser des actes symboliques forts.

Une autre forme d'agriculture, dite raisonnée, apparaît aussi comme une alternative à l'agriculture productiviste. De quoi s'agit-il ?

Lylian Le Goff : Il s'agit d'une agriculture promue par le réseau Farre (Forum pour une agriculture raisonnée et respectueuse de l'environnement), créé en 1993 par le syndicat agricole FNSEA, le CNJA (Centre national des jeunes agriculteurs) et les industries de produits phytosanitaires (UIPP). Sur un modèle existant aux États-Unis, l'idée originelle consistait à imaginer une stratégie de communication destinée à revaloriser l'image des agriculteurs, notamment dans leur relation à l'environnement.

Cette agriculture constitue-t-elle une alternative au productivisme et à ses dérives ?

Dominique Bourg : On peut à juste titre en douter, dans la mesure où elle ne remet pas en cause les grands principes de l'agriculture industrielle – elle utilise toujours pesticides et engrais chimiques, pratique l'élevage industriel, recourt à la mécanisation et accepte en bloc les OGM. Sans compter qu'à l'origine il n'y avait au sein de ce mouvement aucun souci véritable de l'environnement. Il s'agissait uniquement d'un moyen de restaurer l'image de l'agriculteur, accusé de tous les maux. L'intérêt pour l'écologie est venu après, et cet aspect est maintenant intégré dans un cahier des charges reconnu, le Référentiel national de l'agriculture raisonnée, qui a vu le jour en 2003.

Quels en sont les grands principes ?

Dominique Bourg : Les agriculteurs sont incités à limiter les apports d'intrants agricoles (sans pour autant les éliminer totalement), à économiser et gérer leur consommation en eau – en somme, à contribuer à limiter les méfaits de l'agriculture intensive conventionnelle tout en maintenant la performance économique. On ne peut pas faire abstraction de ce mouvement dans le paysage français actuel, sous peine de perdre une chance de faire avancer la grande majorité des paysans du pays vers des pratiques durables et moins offensives pour l'environnement.

Pourquoi ne pas imposer d'emblée des modes de culture plus radicaux, dans le sens écologique du terme ?

Dominique Bourg : L'agriculture en France, de par son histoire, occupe une place très spéciale. À la veille de la Seconde Guerre mondiale, la population agricole représentait encore 40 % de la population totale. Puis le pays a connu une évolution très rapide après la guerre, et c'est l'un de ceux qui a pris le plus au sérieux la fameuse « révolution verte ».

Et aujourd'hui, on en mesure le contrecoup écologique, social et économique ?

Dominique Bourg : C'est juste. Toutefois, si cette révolution s'est traduite, on l'a vu, par un effondrement du nombre d'agriculteurs et par une modernisation extrêmement rapide, les gains ont aussi été énormes, avec à la clef une transformation du niveau de vie pour la plupart des paysans. Le département de l'Aube, autrefois pays pauvre, est ainsi devenu en une seule génération le terrain d'implantation d'immenses fermes industrielles. De fait, il est totalement irréaliste d'imaginer que ces gens vont revenir du jour au lendemain sur les pratiques qui les ont arrachés il y a peu de temps encore à la pauvreté. Personnellement, mon choix est fait, je consomme bio, mais je ne suis pas seul et je veux donc tenir compte de la sociologie de l'agriculture française, de cette situation à la fois historique et économique qui est spécifique à notre pays. Nous ne parviendrons pas à convertir ces professionnels de la terre au bio en une seule génération.

L'agriculture raisonnée pourrait donc être un moyen de conduire progressivement à de meilleures pratiques ?

Dominique Bourg : Oui, mais il n'importe pas moins d'encourager l'agriculture durable et de laisser se déployer toutes les innovations à des échelles diverses selon les territoires, la culture et les inspirations des uns et des autres. Je tiens à ce pluralisme et refuse toute vision doctrinaire. Il peut exister d'autres voies que celle du bio, reposant sur la combinaison d'innovations technologiques avec le savoir qui est aujourd'hui le nôtre en matière de complexité des écosystèmes. À chacun de s'adapter ensuite, dans un seul et même but : réduire de façon drastique dans les décennies qui viennent l'impact de nos activités sur la biosphère.

D'autres réseaux se sont-ils organisés ?

François Plassard : Oui. Le Réseau Agriculture Durable (RAD) en est un. Il regroupe environ 2 000 paysans non bio, mais bien décidés à cultiver écologiquement. Leur projet consiste à développer des produits dans la durée et à proposer un réseau associatif basé sur la solidarité et l'échange entre régions, entre pays ou entre individus. Une manière de réfléchir et d'agir en commun, d'être relié à l'autre et de se libérer ainsi des contraintes du système. Il y a aussi les AMAP.

De quoi s'agit-il ?

François Plassard : Ces Associations pour le maintien de l'agriculture paysanne soutiennent de petits agriculteurs traditionnels par un moyen original : elles établissent un lien direct entre le producteur et un groupe de consommateurs, qui achète à l'avance une partie de la récolte saisonnière, ce qui permet à l'agriculteur de bénéficier d'un salaire. Ce partenariat repose évidemment sur la qualité nutritionnelle des aliments, mais aussi sur la qualité du lien entre les deux parties – laquelle suppose l'assurance d'un revenu pour l'agriculteur, payé à l'avance, et l'établissement d'un prix équitable pour lui comme pour le consommateur.

Comment est née cette idée ?

François Plassard : L'origine des AMAP remonte aux années 1960. Au Japon, des mères de famille se sont inquiétées des pratiques industrielles de l'agriculture et de leur impact sur la qualité des aliments à donner à leurs enfants. Elles se sont regroupées et ont eu cette idée originale de passer un contrat avec un agriculteur, aux termes duquel elles s'engageaient à acheter sa production si lui-même s'engageait à n'utiliser aucun produit chimique. Ainsi sont nés les premiers *Teikei* – littéralement, « mettre le visage du paysan sur les aliments » ! Aujourd'hui, 1 foyer sur 4 participe à un tel système, soit 16 millions de personnes en 1993.

RÉSEAUX DE SOLIDARITÉ

Ce principe s'est étendu ensuite au reste du monde ?

François Plassard : En Europe d'abord, principalement en Allemagne, en Autriche et en Suisse. Il s'est exporté aux États-Unis une vingtaine d'années plus tard, au milieu des années 1980, avec un autre objectif : répondre à la disparition de nombreux agriculteurs et permettre aux populations démunies d'avoir accès à une alimentation de qualité. Puis ç'a été au tour du Canada et de la Grande-Bretagne. Ce n'est qu'en 2001 que les premières expériences ont été tentées en France, sous l'impulsion d'un couple d'agriculteurs toulonnais. Désormais, le phénomène prend son essor un peu partout dans le monde, avec des variantes.

Quelles sont-elles ?

François Plassard : Par exemple, des jardins collectifs dits de cocagne, comme celui de Chalezeule (25), où travaillent des hommes et des femmes en situation sociale difficile. Ils sont encadrés par des maraîchers professionnels, et les produits sont ensuite distribués aux adhérents du jardin. L'attention est évidemment portée sur la pratique des cultures, mais aussi sur la variété des espèces utilisées. Ailleurs, ce sont des fermiers qui travaillent en collaboration avec des associations de consommateurs et la SPA, comme à Schleital, dans le Bas-Rhin, pour rendre accessible la viande de porc à des familles modestes. Le mode d'élevage basé avant tout sur le bien-être animal est ici privilégié. Pour répondre à des parents désireux de voir leurs enfants manger des produits de qualité dans les cantines scolaires, des producteurs de Rennes (35) et de Saint-Clair-de-Halouze (61) se sont organisés en groupement d'intérêt économique (GIE) pour approvisionner localement les cantines, avec l'appui des élus.

Participer à ce genre de réseaux représente-t-il une alternative en soi ?

François Plassard : Bien sûr. Participer à une AMAP de sa région, c'est soutenir des pratiques paysannes et/ou bio, et c'est aussi pouvoir manger sainement à des prix ne dépassant qu'occasionnellement ceux du commerce traditionnel. C'est enfin être acteur d'un rapprochement entre la ville et la campagne avoisinante. Quand une communauté de consommateurs établit un lien direct avec des fermes artisanales traditionnelles, la relation va rapidement au-delà du simple contrat commercial ; elle devient souvent le support d'autres événements, d'autres projets humains.

On dépasse ainsi l'économisme ?

François Plassard : C'est cela. Si nous voulons remédier à la mondialisation de la pauvreté, qui en de nombreux endroits se transforme en misère, si nous voulons que ce nouveau millénaire soit celui de la paix, du partage, de la diversité et de la protection de la nature, il nous faut, tant individuellement que par nos modes d'échange, de fonctionnement et de consommation, sortir de nos institutions et des pratiques d'un totalitarisme économique. Récemment, la Confédération paysanne a énoncé dans une charte des principes visant à définir une agriculture paysanne, et qui méritent d'être évoqués : répartir les volumes de production afin de permettre au plus grand nombre d'accéder au métier et d'en vivre ; être solidaire des paysans des autres régions d'Europe et du monde ; respecter la nature – « On n'hérite pas la terre de nos parents, on l'emprunte à nos enfants » ; valoriser les ressources abondantes et économiser les ressources rares ; rechercher la transparence dans les actes d'achat, de production, de transformation et de vente de produits agricoles ; assurer la bonne qualité gustative et sanitaire des produits ; viser le maximum d'autonomie dans le fonctionnement des exploitations agricoles…

L'HOMME ENRACINÉ DANS LA TERRE

Pour résumer, il importe donc de revenir à la fonction essentielle de l'agriculture, qui est d'assurer la satisfaction des besoins et la sécurité alimentaire des populations tout en préservant les ressources et les paysages ?

Roland Albignac : C'est cela. Évitons les déséquilibres de prix et de quantité en réduisant les subventions agricoles dans les pays du Nord et en favorisant des systèmes de production économiquement rentables et écologiquement soutenables pour tous les partenaires. Encourageons la recherche de productions agricoles en équilibre avec les conditions socio-économiques des pays du Sud, en tenant compte des contraintes écologiques.

Philippe Desbrosses : Arrêtons de remplacer les hommes par des molécules chimiques. On parviendra peut-être alors à répondre à l'exigence de la production de nourriture tout en luttant contre le chômage et en préservant l'environnement. Redonnons une autonomie aux exploitations et diversifions la production de manière à ce que le cultivateur puisse vivre correctement de son labeur. Car il faut savoir que l'heure passée à produire est aujourd'hui 10 fois moins payée que l'heure passée à transformer ! L'agriculteur doit donc aller le plus loin possible dans la transformation de ses produits, et compter aussi sur la complémentarité des éléments de son exploitation – déchets animaux nourrissant les champs et vice versa…

En fait, cesser d'exclure les hommes et redonner toute sa valeur à l'activité paysanne ?

Jean-Paul Deléage : Le mot « paysan » est le plus riche pour désigner ceux qui cultivent la terre et nourrissent l'humanité ; le plus riche parce qu'il évoque une activité, un état, une durée, un enracinement. J'aime beaucoup ce qu'écrit Edgar Pisani dans son livre *Un vieil homme et la terre* : « Un agriculteur (…) accompagne, en intervenant quand il le faut, le grain qui germe, le bourgeon qui éclôt, la vache qui vêle, le moût qui fermente, le fruit qui mûrit, le vin qui vieillit et qui, un jour, dépasse son temps. La vie qui dure et se renouvelle ! la Nature ! La Politique doit être le cultivateur des sociétés et du monde. »

Que se passerait-il si, comme l'impose désormais l'OMC, on appliquait à l'agriculture les règles de la concurrence, qui assimilent l'ensemble des produits alimentaires à des marchandises comme les autres ?

Jean-Paul Deléage : Ce serait un drame évident pour cette agriculture paysanne pourtant essentielle. L'échec de la conférence de l'OMC de Cancun, en septembre 2003, doit être salué comme un succès provisoire pour l'ensemble de la paysannerie du Sud, car ce qui a été rejeté, c'est l'ouverture définitive des marchés – laquelle l'aurait condamnée à mort. Certains agronomes pensent qu'une vingtaine de millions de fermes modernes supplémentaires pourraient produire l'essentiel de ce que les consommateurs urbains achètent encore à la production paysanne. Les utopies les plus folles ont été imaginées, comme le projet Deltapark, une usine agricole de six étages au cœur de Rotterdam qui serait susceptible d'abriter 300 000 porcs, 1,2 million de poulets et plusieurs millions de saumons. Différentes productions seraient cultivées à chaque niveau (champignons, endives, légumes, fleurs). L'abattage des animaux serait effectué sur place, ainsi que l'ensemble du recyclage des déchets. Ce type d'industrialisation de l'agriculture au cœur même des cités éliminerait définitivement les derniers paysans qui survivent sur leurs parcelles familiales, et cela en quelques dizaines d'années à peine. Que deviendraient ces nouveaux pauvres ? D'ici à 2050, aucun développement industriel, aucune extension urbaine ne serait en mesure d'absorber ne serait-ce que le quart ou le tiers de cette humanité arrachée à ses racines. Et que deviendrait la terre qui les nourrit encore, même si c'est dans de mauvaises conditions ? Que deviendraient les terroirs et les paysages qu'ils ont façonnés des millénaires durant ?

François Plassard : Pour les firmes internationales, l'alimentation est désormais source de profits et non plus source de vie et de moyens d'existence. Leurs bénéfices ne peuvent croître que par la destruction des systèmes autosuffisants. Les géants de l'agroalimentaire comme Monsanto et Cargill, par leurs efforts pour prendre le contrôle de l'économie agricole planétaire depuis la vente des semences jusqu'à la transformation et la commercialisation des aliments, ont été à la pointe du processus récent de mondialisation des marchés. Les paysans ont perdu ainsi leur fonction de gardiens de la diversité, de régisseurs des sols, de l'eau, du climat et de la production des semences.

Alors, que faire ?

Jean-Paul Deléage : Revendiquer le maintien d'une agriculture paysanne pour des raisons écologiques et sociales ! Le chemin pour y parvenir passe inévitablement par l'invention de politiques permettant de réguler les rapports entre le marché et l'agriculture paysanne. Et cela en remplissant deux conditions : respecter les grands cycles écologiques ; sauver l'indispensable sécurité alimentaire de toutes les populations et de toutes les régions du monde. Les résistances paysannes qui montent en Amérique latine, en Afrique et tout particulièrement en Asie n'ont de chances d'aboutir que s'il y a une convergence avec les prises de conscience diverses dans d'autres secteurs de la société mondiale : associations de consommateurs, mouvements d'écologistes, etc. Ces solidarités sont indispensables à la survie des paysans eux-mêmes, et, au-delà, à celle de l'humanité et de la Terre, son seul espace de vie possible et connu. Des cours mondiaux des produits alimentaires au destin des paysans et de la nature qu'ils cultivent, c'est probablement là que se jouent équilibres présents et futurs, arbitrages entre court et long terme. Tout cela nous donne des repères qui doivent éclairer les choix politiques.

Adresses utiles et sites Internet

• **Fondation Nicolas Hulot pour la nature et l'homme**
52 boulevard Malesherbes, 75008 Paris
www.fnh.org / fnh@fnh.org

• **www.h-50.fr**
Le site de l'association H-50 a pour objectif d'informer sur la gravité de la situation dans laquelle se trouve notre planète du fait de l'activité humaine. Un site pour comprendre et agir.

• **Ministère de l'Écologie et du Développement durable**
20 avenue de Ségur, 75007 Paris
www.ecologie.gouv.fr

• **Ministère de l'Agriculture, de l'Alimentation, de la Pêche et des Affaires rurales**
78 rue de Varenne, 75007 Paris
www.agriculture.gouv.fr
Notamment pour accéder aux textes réglementaires concernant l'agriculture biologique et avoir des informations sur les signes officiels de qualité.

• **Institut français de l'environnement**
61 boulevard Alexandre-Martin, 45058 Orléans Cedex 1
www.ifen.fr

• Agence Bio (Agence française pour le développement et la promotion de l'agriculture biologique)
12 bis rue des Colonnes-du-Trône, 75012 Paris
Tél. : 01 53 17 38 38
contact@agencebio.org

• Centre pilote européen, ferme de Sainte-Marthe
41200 Millançay
Tél. : 02 54 95 45 04
www.fermedesaintemarthe.com
www.intelligenceverte.org
Formations, séminaires, agriculture biologique, conservatoire de variétés anciennes, catalogue-guide de variétés anciennes.

• Formabio (Réseau des centres de formation en Europe)
Lycée agricole CFPPA Le Rheu, Route de Cintré, BP 25, 35651 Le Rheu

• CNRAB (Centre national de ressources en agriculture biologique)
LEGTA de Brioude, 43100 Fontanes
www.agribio.com / cnrab@educagri.fr

• FNAB (Fédération nationale de l'agriculture biologique)
40 rue de Malte, 75011 Paris
Tél. : 01 43 38 38 69

• Centre Terre Vivante
Domaine de Raud, BP 20, 38711 Mens Cedex
www.terrevivante.org / terrevivante@wanadoo.fr
Édite une revue bimestrielle de jardinage biologique et d'écologie pratique.

• ITAB (Institut technique de l'agriculture biologique)
149 rue de Bercy, 75595 Paris Cedex 12
Tél. : 01 40 04 50 64
www.itab.asso.fr
Édite une revue bimestrielle, *Alter Agri*.

• **Nature et Progrès France**
68, boulevard Gambetta, 30700 Uzès
Tél. : 04 66 03 23 40
www.nature-et-progres.org
nature.et.progres@wanadoo.fr

• **OABA (Œuvre d'assistance aux bêtes d'abattoirs)**
10 place Léon Blum, 75011 Paris
Tél. : 01 43 79 46 46
www.oaba.asso.fr
Association luttant pour faire évoluer et respecter les lois en France et au niveau européen dans l'élevage et le transport des animaux de ferme. Encourage les élevages soucieux du bien-être animal.

• **Ecocert**
www.ecocert.fr

• **Confédération paysanne**
www.confederationpaysanne.fr

• **Réseau Agriculture Durable (RAD)**
www.civam.org

• Le rapport sur l'agriculture biologique est consultable sur le site de l'INRA : www.inra.fr

• **BIOCOOP**
www.biocoop.fr
Comporte les adresses de près de 200 points de vente Biocoop.

• **APCA (Assemblée permanente des chambres d'agriculture)**
www.paris.apca.chambagri.fr
Données sur l'agriculture française.

• **AGRI Bien-être animal**
www.tours.inra.fr/BienEtre/accueil.htm
Groupe d'animation de l'INRA réunissant des chercheurs intéressés par le bien-être animal.

• **Agriculture raisonnée (association nationale)**
Farre
19 rue Jacques Bingen, 75017 Paris
Tél. : 01 46 22 09 20
www.farre.org
On peut notamment y consulter le référentiel de l'agriculture raisonnée.

Bibliographie

AUBERT Claude et LECLERC Blaise, *Bio, raisonnée, OGM : quelle agriculture dans notre assiette ?*, Terre vivante, 2003.

BARTILLAT Laurent et RETALLACK Simon, *STOP*, Seuil, 2003.

BELPOMME Dominique et PASCUITO Bernard, *Ces maladies créées par l'homme : comment la dégradation de l'environnement met en péril notre santé*, Albin Michel, 2004.

BOURG Dominique, *Le Nouvel Âge de l'écologie*, Descartes & Cic, 2003.

—, *Quel avenir pour le développement durable ?*, Le Pommier, 2002.

—, *Parer aux risques de demain, le principe de précaution* (avec Jean-Louis SCHLEGEL), Seuil, 2001.

—, *Pour que la Terre reste humaine* (avec Nicolas HULOT et Robert BARBAULT), Seuil, 1999.

BURGAT Françoise et DANTZER Robert, *Les animaux d'élevage ont-ils droit au bien-être ?*, INRA, 2001.

CANS Roger et HOPQUIN Benoît, *Pour que vive la terre*, EPA, 2003.

COLBORN Theo, DUMANOSKI Dianne et MYERS John Peterson, *L'Homme en voie de disparition ?*, Terre vivante, 1997.

DELÉAGE Estelle, *Paysans, de la parcelle à la planète : socio-anthropologie du Réseau agriculture durable*, Syllepse, 2004.

DELÉAGE Jean-Paul, *La Biosphère : notre Terre vivante*, Gallimard, 2001.

—, *Vive l'eau* (avec Jean MATRICON), Gallimard, 2000.

DESBROSSES Philippe, *La Vie en bio*, Hachette Pratique, 2001.

—, *Agriculture biologique : préservons notre futur*, Le Rocher, 1998.

—, *L'Intelligence verte : l'agriculture de demain*, Le Rocher, 1997.

—, *Nous redeviendrons paysans*, Le Rocher, 1993.

DIGARD Jean-Pierre, *L'Homme et les Animaux domestiques : anthropologie d'une passion*, Fayard, 1990.

FARRACHI Armand, *Les poules préfèrent les cages : quand la science et l'industrie nous font croire n'importe quoi*, Albin Michel, 2000.

GAUTIER Achilles, *La Domestication*, Errance, 1990.

HULOT Nicolas, *Le Syndrome du Titanic*, Calmann-Lévy, 2004.

—, *Ushuaïa nature*, vol. II : *Voyages au cœur de l'extrême*, Michel Lafon, 2003.

—, *Planète nature*, Michel Lafon, 2002.

—, *Ushuaïa nature, paradis au bout du monde*, Michel Lafon, 2000.

—, *Pour que la Terre reste humaine*, Seuil, 1999.

—, *On a marché sur la Terre*, Gallimard Jeunesse, 1997.

—, *De Zanzibar aux sources du Nil*, Gallimard Jeunesse, 1997.

—, *Les Chemins de traverse*, J.-C. Lattès, 1989.

—, et COMITÉ DE VEILLE ÉCOLOGIQUE, *Combien de catastrophes avant d'agir ?*, Seuil, 2002.

LE GOFF Lylian, *Manger bio*, Flammarion, 2001.

—, *Nourrir la vie*, Roger Jollois, 1997.

LUNEAU Gilles, *La Forteresse agricole : une histoire de la FNSEA*, Fayard, 2004.

MALASSIS Louis, *L'Épopée inachevée des paysans du monde*, Fayard, 2004.

MATIGNON Karine Lou, *Tigres : l'extraordinaire aventure des tigres et des hommes* (photos de David KOSKAS), EPA, 2004.

—, *La Fabuleuse Aventure des hommes et des animaux* (avec Boris CYRULNIK et Frédéric FOUGEA), Chêne, 2001.

—, *Sans les animaux, le monde ne serait pas humain*, Albin Michel, 2000.

—, *La Plus Belle Histoire des animaux* (coll.), Seuil, 2000.

—, *L'Animal, objet d'expériences : entre l'éthique et la santé publique*, Anne Carrière, 1998.

MAZOYER Marcel et ROUDART Laurence, *Histoire des agricultures du monde : du Néolithique à la crise contemporaine*, Seuil, 1997.

PELT Jean-Marie, *La Terre en héritage*, Fayard, 2000.

—, *Plantes en péril*, Fayard, 1997.

PISANI Edgar, *Un vieil homme et la terre*, Seuil, 2004.

PLASSARD François, *La Vie rurale, enjeu écologique et de société : propositions altermondialistes*, Yves Michel, 2003.

—, *Le Temps choisi : un nouvel art de vivre pour partager le travail autrement*, Charles Mayer Fondation, 1999.

—, *Territoire en prospective : quel nouveau contrat ville/campagne ?*, PROCIVAM, 1994.

PORCHER Jocelyne, *Éleveurs et animaux, réinventer le lien*, PUF, 2002.

—, *Bien-être animal et travail en élevage*, INRA Éditions, 2004.

REEVES Hubert et LENOIR Frédéric, *Mal de Terre*, Seuil, 2003.

RABHI Pierre, *Du Sahara aux Cévennes : itinéraire d'un homme au service de la Terre-Mère*, Albin Michel, 2002.

—, *Parole de terre*, Albin Michel, 1996.

RAY Jean-Claude, *Vignerons rebelles*, Ellébore, 2004.

RIFKIN Jeremy, *Le Siècle biotech*, La Découverte, 1998.

SÉRALINI Gilles-Éric, *OGM, le vrai débat*, Flammarion, 2000.

SHIVA Vandana, *Éthique et agro-industrie : main basse sur la vie*, L'Harmattan, 1996.

VEILLERETTE François, *Pesticides : le piège se referme*, Terre vivante, 2002.

Documents

Estimations des risques environnementaux des pesticides, INRA Éditions, 2004.

Évaluations des risques et bénéfices nutritionnels et sanitaires des aliments issus de l'agriculture biologique, AFSSA, 2003.

Les OGM, pour quoi faire ?, rapport d'information n° 2538 de l'Assemblée nationale, 2000.

La Fondation Nicolas Hulot

RESPECTER LA NATURE, C'EST PRÉSERVER L'AVENIR DE L'HOMME

Depuis sa création en 1990, la Fondation Nicolas Hulot pour la Nature et l'Homme participe à la diffusion des connaissances sur l'état écologique de notre planète et met en œuvre tous les moyens à sa disposition pour convaincre le plus grand nombre de la nécessité de passer à l'acte afin de freiner l'impact des activités humaines. Seule fondation française reconnue d'utilité publique dédiée à l'éducation à l'environnement, elle développe ses actions autour de trois enjeux majeurs : l'eau, l'écocitoyenneté et la biodiversité.

LE DÉVELOPPEMENT DURABLE À LA PORTÉE DE TOUS

Il s'agit pour la Fondation de contribuer aux changements des comportements afin d'aller vers une nouvelle forme de société et de culture basée sur un développement durable.

• Prendre conscience et faire prendre conscience que les engagements écologiques, sociaux et économiques doivent être conjoints. Qu'ils représentent un investissement positif sur le long terme.

• Prendre conscience et faire prendre conscience que les actes ont des conséquences qu'il faut évaluer avant leur mise en œuvre, qu'il faut penser ses actes.

• Prendre conscience et faire prendre conscience qu'il faut donner du sens au progrès, que le progrès est synonyme de générosité et de solidarité.

• Prendre conscience et faire prendre conscience que du respect d'autrui et des autres êtres vivants dépend la survie de l'humanité et de la planète – l'autre étant envisagé comme tout être vivant (homme, animal et végétal) et son milieu de vie dans une échelle d'espace allant du plus local au plus global et dans une échelle de temps passé (respect des cultures), actuel (respect des différences) et futur (respect des générations à venir).

• Prendre conscience et faire prendre conscience que chacun a un rôle majeur dans la construction de cette société, que chacun est acteur, que chacun est responsable.

LE COMITÉ DE VEILLE ÉCOLOGIQUE

Membre de l'UICN (Union mondiale pour la nature) et ONG consultative auprès du Conseil économique et social de l'ONU, la Fondation Nicolas Hulot s'appuie sur un comité d'experts : le Comité de veille écologique.

Composé de scientifiques et de personnalités reconnus pour leurs compétences en matière d'environnement et d'écologie, le Comité de veille écologique a pour rôle de préparer, sur des thèmes environnementaux, notamment d'actualité, des prises de position permettant au président de la Fondation, à celle-ci et aux membres du Comité, se réclamant alors de leur appartenance, d'exprimer auprès du grand public un point de vue étayé.

DES GESTES ET DES CHOIX DE CONSOM'ACTEUR

S'il existe des règlements ou des outils collectifs de protection de la nature, nos gestes et nos choix individuels participent largement à la sauvegarde de notre planète. Dans notre vie quotidienne, la préserver, c'est avant tout consommer moins et mieux.

Le maintien de toutes formes de vie sur terre dépend de la sauvegarde des systèmes naturels de notre planète. Préserver notre santé, c'est purifier l'eau, recycler l'oxygène, le carbone et d'autres éléments essentiels, maintenir la fertilité des sols, tirer notre nourriture de la terre, des eaux douces et des mers, produire des médicaments, sauvegarder la richesse génétique pour améliorer nos plantes cultivées et nos animaux domestiques, etc.

Trier ses déchets, utiliser les transports en commun, produire et consommer bio, économiser l'eau, l'électricité, favoriser les énergies renouvelables, faire des achats réfléchis… tout cela a des effets positifs sur l'air, le sol, l'eau, le climat ou les ressources naturelles et contribue aussi à préserver la vie, donc notre santé. Nous sommes tous concernés et nous pouvons tous devenir acteurs de notre environnement. C'est la somme et l'ampleur de ces actions en faveur de ce patrimoine vivant qui détermineront notre futur.

Adoptez les « gestes pour la planète » en consultant le site : www.fnh.org. Un site portail sur l'environnement à la disposition de tous pour s'informer, comprendre et agir, avec :

- le suivi en ligne des programmes de la Fondation ;
- l'actualité de l'environnement ;
- la rubrique « Gestes pour la planète » ;
- les forums de discussion ;
- la mise en valeur des actions locales en faveur de l'environnement.

Composition du Comité de veille écologique de la Fondation Nicolas Hulot pour la Nature et l'Homme

Roland Albignac, zoologue, professeur des universités, université de Franche-Comté, Besançon.

Nicole d'Almeida, professeur des universités en information et communication, université de Paris-Sorbonne.

Robert Barbault, écologue, professeur des universités, directeur du département Écologie et Gestion de la biodiversité du Muséum national d'histoire naturelle, CNRS-Université Pierre et Marie Curie.

Dominique Belpomme, cancérologue, professeur des universités (Paris-V), président de l'Association française pour la recherche thérapeutique anti-cancéreuse (ARTAC).

Patrick Blanc, botaniste tropicaliste, chargé de recherches au CNRS, laboratoire Botanique tropicale, CNRS-Université Pierre et Marie Curie.

Dominique Bourg, philosophe, directeur du Centre de recherches et d'études interdisciplinaires sur le développement durable (CREIDD), professeur des universités, université de technologie de Troyes.

Christian Buchet, expert maritime, professeur à l'Institut catholique de Paris, CNRS.

Jean-Paul Deléage, historien des sciences, professeur des universités, université d'Orléans.

Philippe Desbrosses, agriculteur, docteur en sciences de l'environnement.

Christian Dubois, ingénieur consultant projet, élu municipal.

François Guérold, écotoxicologue, maître de conférences, laboratoire Écotoxicologie, Biodiversité, Santé environnementale, université de Metz.

François Honnorat, avocat à la Cour.

Jean-Marc Jancovici, ingénieur consultant.

Lylian Le Goff, docteur en médecine, membre de la mission « Biotechnologie » de France Nature Environnement.

Yvon Le Maho, écophysiologiste, directeur de recherches au CNRS, membre de l'Académie des sciences.

Pierre-Yves Le Mazou, avocat à la Cour, président de l'association H-50.

Thierry Libaert, enseignant en sciences de l'information et de la communication d'entreprise.

Marie-Antoinette Mélières, climatologue, maître de conférences à l'université J.-Fourrier, Grenoble.

Pascal Picq, paléoanthropologue, maître de conférences au Collège de France.

François Plassard, ingénieur en agriculture, docteur en économie.

Jean-Pierre Raffin, écologue, maître de conférences, université Paris-VII Denis Diderot.

Martine Rémond-Gouilloud, professeur des universités en droit maritime, environnement et risques, université de Marne-la-Vallée.

Jean-Louis Schlegel, éditeur.

Jacques Weber, directeur de l'Institut français de la biodiversité.

Table des matières

Avant-propos par Nicolas Hulot 7
Introduction : Né de l'eau et de la terre. 13

PREMIÈRE PARTIE : TERRE NOURRICIÈRE

1. Mère Nature 25
2. La révolution verte 55

DEUXIÈME PARTIE : TERRE ENNEMIE

3. L'homme et la nature en guerre 75
4. Le vivant manipulé. 97

TROISIÈME PARTIE : LA SANTÉ EN OTAGE

5. Atteinte à la santé humaine 135
6. Nourriture et nature intoxiquées. 155

QUATRIÈME PARTIE : ALTERNATIVES

7. Une agriculture pour la nature et l'homme 177
8. Consommer responsable. 207

Adresses utiles et sites Internet 223
Bibliographie. 227
La Fondation Nicolas Hulot 231
Composition du Comité de veille écologique
de la Fondation Nicolas Hulot
pour la Nature et l'Homme 235

Achevé de composer par
PARIS PHOTOCOMPOSITION
75017 Paris

Impression réalisée sur CAMERON par
BRODARD ET TAUPIN
La Flèche

pour le compte des Éditions Fayard
en septembre 2004

Imprimé en France
Dépôt légal : septembre 2004
N° d'édition : 48329 – N° d'impression : 26008
ISBN : 2-213-62084-9
35-57-2284-4/01